Kurt Stange

# Kontrollkarten für messbare Merkmale

Nach dem Tode des Verfassers
herausgegeben von
T. Deutler und P.-Th. Wilrich

Springer-Verlag
Berlin · Heidelberg · New York 1975

**Dr. phil. KURT STANGE**  († Juni 1974)
ehem. o. Professor der
Rheinisch-Westfälischen Technischen Hochschule Aachen
Institut für Statistik und Wirtschaftsmathematik


**Dr. rer. nat. TILMANN DEUTLER**
Akademischer Oberrat am Seminar für Statistik
der Universität Mannheim (WH)


**Dr.-Ing. PETER-Th. WILRICH**
Wissenschaftlicher Rat und Professor
am Institut für Statistik und Wirtschaftsmathematik
der Rheinisch-Westfälischen Technischen Hochschule Aachen



Mit 58 Abbildungen



ISBN-13: 978-3-540-07353-6      e-ISBN-13: 978-3-642-66182-2
DOI: 10.1007/978-3-642-66182-2

Library of Congress Cataloging in Publication Data
Stange, Kurt, 1907—1974.
   Kontrollkarten für meßbare Merkmale.
   (Hochschultext)
   Bibliography: p.
   Includes index.
   1. Quality control--Charts, diagrams, etc.  I. Title.
TS156.S75  1975  620'.004'5  75-25989





Offsetdruck: fotokop wilhelm weihert kg, Darmstadt · Einband: Konrad Triltsch, Würzburg

# Vorwort der Herausgeber

Im wissenschaftlichen Nachlaß des am  23. 6. 1974  verstorbenen Autors Prof.
Dr. K. S t a n g e fand sich das Manuskript der hier vorgelegten Monographie
über Kontrollkarten für meßbare Merkmale.

Zur Entstehungsgeschichte läßt sich folgendes rekonstruieren: Die Arbeit an
diesem Manuskript nahm Prof. Stange Ende  1970/Anfang 1971  nach der Fer-
tigstellung von Band  II  des ebenfalls im Springer-Verlag erschienenen Werkes
"Angewandte Statistik" auf. Er plante nach unseren Vermutungen zu diesem Zeitpunkt die Herausgabe eines dritten Bandes "Qualitätskontrolle" zur "Angewand-
ten Statistik" mit einer ähnlichen Konzeption wie bei den beiden ersten Bänden:
Einerseits sollten damit seine im regelmäßigen Turnus gehaltenen Vorlesungen
über Qualitätskontrolle (mit den Teilen "Kontrollkarten", "Prüfpläne" und
"Varianzanalyse") ausgearbeitet werden, andererseits sollten die entsprechenden Abschnitte des Buches "Formeln und Tabellen der Mathematischen Statistik"
(Berlin, 1966) erläutert und durch die Herleitung der dort nicht bewiesenen Formeln ergänzt werden. Das hier vorgelegte Manuskript wäre in diesem Sinne als
ein Teil des zugehörigen Abschnittes "Kontrollkarten" aufzufassen. Aus Gründen, die sich unserer Kenntnis entziehen, stellte Prof. Stange jedoch im Spät-
sommer des Jahres  71  die Arbeit an dem Manuskript ein, das somit in bezug
auf die oben erwähnten Pläne unvollendet geblieben ist.

Wenn hier auch kein umfassendes Lehrbuch über Kontrollkarten vorliegt, denn
es fehlen Ausführungen über Kontrollkarten für zählbare Merkmale, – mit Ko-
stenmodellen, – mit verteilungsfreien Methoden, – für mehrdimensionale Merkmale, Cusumkarten u. a. , so kann es jedoch als eine in sich geschlossene Monographie über Kontrollkarten für meßbare bzw. normal verteilte Qualitätsmerk-
male betrachtet werden.

Als ehemalige langjährige Schüler und Mitarbeiter von Prof. Stange glauben wir
daher, dem wissenschaftlichen Erbe unseres verehrten Lehrers am besten dadurch gerecht zu werden, daß wir diese Monographie veröffentlichen. Da Prof.
Stange das Manuskript selbst bereits sehr gut ausgearbeitet hatte, bestand un-
sere Aufgabe als Herausgeber im wesentlichen darin, einige redaktionelle Aenderungen, sachliche Ergänzungen und kleinere Korrekturen vorzunehmen, sowie
das Inhalts-, Sach- und Literaturverzeichnis anzulegen. Wir haben dabei das
ursprüngliche Manuskript so wenig wie möglich verändert, um den Stil und die
Intentionen des Autors nicht zu verfälschen.

In dem Buch werden die üblicherweise in der Praxis verwendeten Kontrollkarten
zur Ueberwachung der Fertigungslage und der Fertigungsstreuung (jeweils bei
gegebenem Sollwert bzw. bei Schätzung durch einen Vorlauf und bei vorgegebenen Toleranzgrenzen) behandelt. Für jede Karte werden die Formeln zur Berech-

nung der Eingriffsgrenzen hergeleitet und für die gängigsten Irrtumswahrscheinlichkeiten Tabellen mit den benötigten Abgrenzungsfaktoren zusammengestellt.

In Ergänzung zu den Darstellungen in den meisten anderen Lehrbüchern über
Qualitätskontrolle bzw. Kontrollkarten werden für jede Karte jeweils auch die
sog. Wirkungskennlinien (das sind die Operationscharakteristiken der entsprechenden statistischen Teste) in Formeln und Abbildungen bereitgestellt. Diese
erlauben es, zu vorgegebenem Probenumfang die Prüfschärfe (oder umgekehrt)
zu bestimmen. Anhand der Wirkungskennlinien werden auch Vergleiche der Prüfschärfe bzw. des Prüfaufwandes einzelner Karten durchgeführt. Als neu zu be-
trachten ist insbesondere die Erörterung, wie sich die statistischen Schwankungen
der Vorlaufergebnisse auf die Wirkungskennlinien auswirken.

Wegen der für den Autor charakteristischen Darstellungsweise und Stoffauswahl,
die Theorie und Anwendung integriert, ist das Buch nicht nur für einen an der
Methodik interessierten Leser sondern auch dem Anwender im Betrieb als Nach-
schlagewerk und Entscheidungshilfe nützlich. Der angesprochene Leserkreis ist
daher derselbe wie für die "Angewandte Statistik": Mathematiker (der angewand-
ten Richtung), Ingenieure (insbesondere der Spezialfachrichtungen Fertigungs-
technik und Qualitätskontrolle) und Wirtschaftswissenschaftler.

Die Aufnahme des Buches in die Reihe "Hochschultexte" des Springer-Verlages
macht deutlich, daß das Buch gerade auch für Studierende der genannten Fach-
richtungen besonders geeignet ist.

Was die Vorkenntnisse anbetrifft, so genügen elementare Kenntnisse der Diffe-
rential- und Integralrechnung und eines Einführungskurses in Statistik (in dem
Umfang wie sie heute an den meisten Hochschulen bzw. in den Grundlehrbüchern
der Statistik vermittelt werden) zum Verständnis der Herleitungen und Beweise.
Bei diesen sind für den Leser alle Gedankengänge in nachvollziehbare kleine
Schritte zerlegt; nur an einigen wenigen Stellen wird auf Darstellungen einiger
bewährter deutschsprachiger Lehrbücher verwiesen, die im Literaturverzeichnis genannt sind.

Wir sind sicher, im Sinne von Prof. Stange zu handeln, wenn wir an dieser Stelle
Herrn Dipl.-Ing. H.-H. M o l t e r danken, der die erste Fassung des Manuskripts durchgesehen und durch seine kritischen Anmerkungen und Verbesse-
rungsvorschläge, die noch von Prof. Stange selbst berücksichtigt werden konn-
ten, zur Abrundung des Werkes beigetragen hat. Als Herausgeber haben wir
besonders Frau F. S t e i n und Frau M.-L. M a n d e l zu danken, die noch
für den Autor die erste Fassung des Manuskripts geschrieben und die Zeichnungs-
vorlagen erstellt und jetzt die Druckvorlagen hergestellt haben. Dem Springer-
Verlag danken wir für die entgegenkommende und angenehme Zusammenarbeit.


September 1975


Mannheim                                    Aachen

Tilmann D e u t l e r                       Peter-Theodor W i l r i c h

# Inhaltsverzeichnis

# Liste der wichtigsten Symbole



| Symbol | Bedeutung |
|---|---|
| $a_n$ | Mittelwert der dimensionslosen (empirischen) Standardabweichung $s/\sigma$ |
| $A_K$ ; $A_K(n)$ | Faktor zur Berechnung der 99%-Eingriffsgrenze der $\bar{x}$-Karte mit $\bar{R}$ |
| $A_W$ ; $A_W(n)$ | Faktor zur Berechnung der 95%-Eingriffsgrenze der $\bar{x}$-Karte mit $\bar{R}$ |
| $A_2$ ; $A_2(n)$ | Faktor zur Berechnung der $3\sigma\{\ \}$Eingriffsgrenze der $\bar{x}$-Karte mit $\bar{R}$ |
| $b_n$ | Standardabweichung der dimensionslosen (empirischen) Standardabweichung $s/\sigma$ |
| $B_1$ ; $B_1(n)$ | Faktor zur Berechnung der unteren $3\sigma\{\ \}$Grenze der $s$-Karte |
| $B_2$ ; $B_1(n)$ | Faktor zur Berechnung der oberen $3\sigma\{\ \}$Grenze der $s$-Karte |
| $B_3$ | Faktor zur Berechnung der unteren Eingriffsgrenze der $s$-Karte mit $\bar{s}$ |
| $B_4$ | Faktor zur Berechnung der oberen Eingriffsgrenze der $s$-Karte mit $\bar{s}$ |
| $c_n$ | Faktor zur Berechnung der Standardabweichung des Zentralwerts $\tilde{x}$ |
| $\tilde{C}_K$ | Faktor zur Berechnung der 99%-Eingriffsgrenze der $\tilde{x}$-Karte mit $\tilde{R}$ |
| $\tilde{C}_W$ | Faktor zur Berechnung der 95%-Eingriffsgrenze der $\tilde{x}$-Karte mit $\tilde{R}$ |
| $\tilde{C}_2$ | Faktor zur Berechnung der $3\sigma\{\ \}$Eingriffsgrenze der $\tilde{x}$-Karte mit $\tilde{R}$ |
| $d_2$ ; $d_2(n)$ | Mittelwert der dimensionslosen Spannweite $W = R/\sigma$ beim Probenumfang $n$ |
| $\tilde{d}_2$ ; $\tilde{d}_2(n)$ | Zentralwert der dimensionslosen Spannweite $W = R/\sigma$ beim Probenumfang $n$ |
| $d_4(n)$ | Standardabweichung der standardisierten Extremwerte |
| $D_1$ ; $D_1(n)$ | Faktor zur Berechnung der unteren Eingriffsgrenze der $R$-Karte |
| $D_2$ ; $D_2(n)$ | Faktor zur Berechnung der oberen Eingriffsgrenze der $R$-Karte |
| $D_3$ | Faktor zur Berechnung der unteren $3\sigma\{\ \}$Grenze der $R$-Karte mit $\bar{R}$ |
| $D_4$ | Faktor zur Berechnung der oberen $3\sigma\{\ \}$Grenze der $R$-Karte mit $\bar{R}$ |
| $\tilde{D}_3$ | Faktor zur Berechnung der unteren $3\sigma\{\ \}$Grenze der $R$-Karte mit $\tilde{R}$ |
| $\tilde{D}_4$ | Faktor zur Berechnung der oberen $3\sigma\{\ \}$Grenze der $R$-Karte mit $\tilde{R}$ |

# Liste der wichtigsten Symbole

| Symbol | Bedeutung |
|---|---|
| $f$ | Zahl der Freiheitsgrade |
| $i$ | Nr. der Einzelprobe beim Vorlauf |
| $k$ | Zahl der Einzelproben beim Vorlauf |
| $\ell$ | Zahl der Unterproben bei Aufteilung der Gesamtprobe |
| $m$ | Umfang der Unterproben bei Aufteilung der Gesamtprobe |
| $M\{\ \}$ | Mittelwert von ... ; Erwartungswert von ... |
| $n$ | Umfang einer Probe bzw. Einzelprobe |
| $N$ | Umfang einer Liefermenge |
| $p$ | Schlechtanteil, Ausschußanteil |
| $q = 1-p$ | Gutanteil |
| $R$ bzw. $R_i$ | Spannweite einer Probe (bzw. von Probe Nr. i) |
| $\overline{R}$ | mittlere Spannweite ; arithmetisches Mittel aus den k Spannweiten $R_i$ eines Vorlaufs bzw. aus den $\ell$ Spannweiten von Unterproben |
| $\widetilde{R}$ | Zentralwert der k Spannweiten $R_i$ eines Vorlaufs |
| $s$ bzw. $s_i$ | (empirische) Standardabweichung einer Probe (bzw. der Probe Nr. i) |
| $s'$ | Wurzel aus der mittleren Varianz $\overline{s^2}$ |
| $\overline{s}$ | mittlere Standardabweichung ; arithmetisches Mittel aus den k Standardabweichungen $s_i$ eines Vorlaufs |
| $s^2$ bzw. $s_i^2$ | (empirische) Varianz einer Probe (bzw. der Probe Nr. i) |
| $\overline{s^2}$ | mittlere Varianz ; arithmetisches Mittel aus den k Varianzen $s_i^2$ eines Vorlaufs |
| $S$ | statistische Sicherheit |
| $T_m$ | Toleranzmitte |
| $T_O$ | obere Toleranzgrenze |
| $T_U$ | untere Toleranzgrenze |
| $u$ | standardnormal verteilte Zufallsvariable |
| $u_{1-\alpha}$ | $(1-\alpha)\%$-Schwellenwert der Standardnormalverteilung |
| $V\{\ \}$ | (theoretische) Varianz von ... |
| $w$ ; $w_n$ | dimensionslose Spannweite $R/\sigma$ aus Probe der Größe n |
| $w_{1-\alpha}$; $w_{n,\,1-\alpha}$ | $(1-\alpha)\%$-Schwellenwert der dimensionslosen Spannweite $R/\sigma$ |
| $W$ | Wahrscheinlichkeit |
| $x$ | Qualitätsmerkmal |
| $x_\nu$ | Einzelwert Nr. $\nu$ einer Probe |
| $x_{(1)} \equiv x_{min}$ | kleinster Einzelwert einer Probe |
| $x_{(\nu)}$ | $\nu$-ter geordneter Einzelwert einer Probe |

| Symbol | Bedeutung |
|---|---|

$x_{(n)} \equiv x_{max}$ — größter Einzelwert einer Probe

$x_{i\nu}$ — Einzelwert Nr. $\nu$ in der i-ten Einzelprobe des Vorlaufs

$\bar{x}$ bzw. $\bar{x}_i$ — arithmetischer Mittelwert einer Probe bzw. der Probe Nr. i

$\bar{\bar{x}}$ — Gesamtmittelwert ; arithmetisches Mittel aus den k Mittelwerten $\bar{x}_i$ eines Vorlaufs

$\tilde{x}$ bzw. $\tilde{x}_i$ — Zentralwert einer Probe (bzw. von Probe Nr. i)

$\tilde{\tilde{x}}$ — Zentralwert der k Zentralwerte $\tilde{x}_i$ eines Vorlaufs

$Z\{\ \}$ — (theoretischer) Zentralwert von ... ; 50%-Fraktile von ...

## B.  Griechische Buchstaben

$\alpha$ — Wahrscheinlichkeit für den Fehler 1. Art

$\alpha_n$ — Mittelwert der dimensionslosen Spannweite $w = R/\sigma$ aus einer Probe der Größe n

$\tilde{\alpha}_n$ — Zentralwert der dimensionslosen Spannweite $w = R/\sigma$ aus einer Probe der Größe n

$\beta$ — Wahrscheinlichkeit für den Fehler 2. Art

$\beta_n$ — Standardabweichung von $w = R/\sigma$ beim Probenumfang n

$\gamma_n$ — Variationskoeffizient von $w = R/\sigma$ beim Probenumfang n

$\Gamma(\ )$ — Gamma-Funktion

$\delta_m$ — Hilfsgröße im Zusammenhang mit der Varianz von $\bar{R}$

$\lambda$ — dimensionsloser Verschiebungsparameter für Mittelwert $\mu$ , bzw. dimensionsloser Vergrößerungsfaktor für Standardabweichung $\sigma$

$\mu$ — theoretischer Mittelwert ($\equiv$ Erwartungswert) des Qualitätsmerkmals x

$\mu_0$ — unbekannter Fertigungsmittelwert

$\mu_1$ — vorgegebener Wert für $\mu$ bzw. Sollwert für $\mu$

$\nu$ — laufende Nummer der Elemente einer Probe

$\pi$ — Kreiszahl

$\sigma$ — (theoretische) Standardabweichung des Qualitätsmerkmals x

$\sigma_0$ — unbekannte Fertigungsstandardabweichung

$\sigma_1$ — vorgegebener Wert für $\sigma$ bzw. Sollwert für $\sigma$

$\sigma\{\ \}$ — (theoretische) Standardabweichung von ...

$\hat{\sigma}$ — Schätzwert bzw. Schätzfunktion für $\sigma$

$\sigma^2$ — (theoretische) Varianz des Qualitätsmerkmals x

| Symbol | Bedeutung |
|---|---|
| $\Phi(u)$ | Summenfunktion (Verteilungsfunktion) der Standardnormalverteilung |
| $\psi(\ )$ | Dichtefunktion einer beliebigen Verteilung |
| $\Psi(\ )$ | Verteilungsfunktion einer beliebigen Verteilung |
| $\chi^2$ ; $\chi_f^2$ | $\chi^2$-verteilte Zufallsvariable mit f Freiheitsgraden |
| $\chi_{1-\alpha}^2$ ; $\chi_{f;1-\alpha}^2$ | $(1-\alpha)\%$-Schwellenwert der $\chi_f^2$-Verteilung |

# 1. Einführung

## 1.1 Der Begriff „Qualität"

Eine wichtige Aufgabe jeder technischen Fertigung ist die Gewährleistung einer "guten Qualität". Die Analyse des Begriffs "Qualität" zeigt, daß man zwischen der "Qualität des Entwurfs" (quality of design) und der "Qualität der Uebereinstimmung" (quality of conformance) unterscheiden muß.

Ein Volkswagen und ein Mercedes erfüllen die gleiche Aufgabe, nämlich Beförderung von Personen von einem Ort zu einem andern, aber mit sehr unterschiedlicher "quality of design" hinsichtlich des Aussehens, der Bequemlichkeit, des Beschleunigungsvermögens, der erreichbaren Geschwindigkeit, der ruhigen Fahrweise und vieler anderer Merkmale. An diesen Qualitätsbegriff denkt man wohl zunächst, wenn von Qualität schlechthin, von Qualitätsunterschieden und Qualitätsverbesserungen die Rede ist. Die Qualitätsunterschiede zwischen Volkswagen und Mercedes sind gewollt, beabsichtigt, um verschieden hohen Ansprüchen der Käufer zu genügen. Die Hersteller differenzieren die einzelnen "Typen" meist hinsichtlich mehrerer Merkmale, um unterschiedliche Wünsche der Verbraucher zu berücksichtigen. Dieser Qualitätsbegriff ist aber im folgenden nicht gemeint.

Wenn man im Betrieb statistische Verfahren einsetzt, dann meint man den zweiten Qualitätsbegriff. Quality of conformance ist die mehr oder weniger gute Uebereinstimmung zwischen der auf dem Papier entworfenen Zeichnung, dem geschriebenen oder gedachten Vorbild und der wirklichen Ausführung. Ist die Uebereinstimmung zwischen Vorbild und wirklichem Erzeugnis – etwa zwischen einem "Muster" und den Einheiten der gelieferten Menge – gut, dann spricht man von guter Qualität der Uebereinstimmung. Bei fast allen technischen Merkmalen wird sie durch die mehr oder weniger großen Abweichungen zwischen den Soll- und den Istwerten beurteilt. Im folgenden ist nur von diesem Qualitätsbegriff die Rede. Die beobachteten Unterschiede zwischen Soll- und Istwerten sind nicht gewollt, sondern man will sie verhindern.

Hinsichtlich der Qualität der Uebereinstimmung steht jeder Betrieb ständig vor
drei wichtigen Aufgaben:

(1)    Man muß eine Qualität halten, die befriedigend ist. Dazu muß der Fertigungsvorgang überwacht, gelenkt, gesteuert werden. Das statistische Hilfsmittel dazu sind die "Kontrollkarten".

(2)    Man muß eine Qualität prüfen, die vereinbart wurde. Das statistische Hilfsmittel dazu sind die "Prüfpläne".

(3)    Man muß eine Qualität steigern, die nicht ausreicht. Die statistischen Hilfsmittel dazu sind Testverfahren, Varianzanalyse und Versuchsplanung.

Man macht sich leicht klar, daß es im allgemeinen eine "kostengünstigste" Qualität der Uebereinstimmung gibt. Stellt man eine große Liefermenge von  N  Stück gleichartiger Erzeugnisse her, so seien davon  $N_1$  "gut" (die man verkaufen kann) und  $N_2$  "schlecht" (die man nicht verkaufen kann). Die Herstellungskosten je Stück seien  a , der Verkaufspreis sei  b > a . Dann ist der Gewinn des Herstellers je Liefermenge

$$(1.1.1) \qquad G = N_1 \, b - Na \, .$$

Teilt man den Gewinn  G  durch die Zahl  N  der hergestellten Stücke, so wird der Gewinn je Stück

$$(1.1.2) \qquad G/N = g = (N_1/N) \, b - a = bq - a \, ,$$

wobei  $q = N_1/N$  der "Gutanteil" der Fertigung ist. Die Gewinnfunktion  g(q) wird eine Gerade, die natürlich nur im Bereich  $0 \leqslant q \leqslant 1$  erklärt ist; Abb. 1.1.1 .

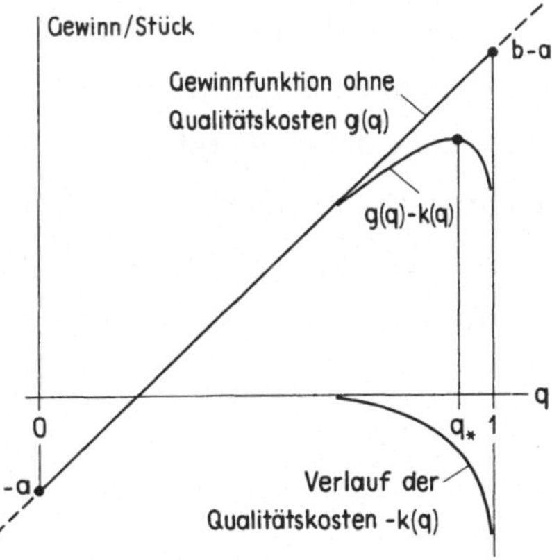


Abb. 1.1.1  Zur Ermittlung der optimalen Qualität der
Uebereinstimmung  $q_*$ .

Nun ist der Grenzpunkt  (q = 1 ; g = b-a)  ohne "Qualitätskontrolle" während und/oder nach der Fertigung nicht erreichbar. Wenn man viel "Ausschuß" – sagen wir  p = 1-q = 0,2 = 20%  – in Kauf nimmt, braucht man gar keine oder nur sehr wenig "Qualitätskontrolle". Die damit verbundenen Kosten  k  (wieder in DM/Stück) sind nahezu gleich  0 . Um  q = 1  zu erreichen, muß man die Herstellung mit kostspieligen, teuren Prüfverfahren und viel Arbeitsaufwand überwachen. Diese "Qualitätskosten"  k(q)  haben oft den in  Abb. 1.1.1  angedeuteten Verlauf: k(q)  nimmt um so stärker zu, je näher man mit  q  an den Wert  1 rücken will. Die durch Ueberlagerung (Addition) von  g(q)  und  –k(q)  entstehende Gewinnfunktion  g(q) – k(q)  hat (im allgemeinen) ein Maximum an der Stelle $q = q_*$ . Infolgedessen gibt es eine gewinnoptimale Qualität der Uebereinstimmung $q_*$ , die normalerweise in der Nähe (links) von  q = 1  liegt, die aber nicht mit  q = 1  zusammenfällt und die man aus der Gleichung

$$(1.1.3) \qquad \frac{d}{dq}\left[\, g(q) - k(q)\,\right] \;=\; b - k'(q) \;=\; 0$$

findet. Diese Qualität  $q_*$  sollte man bei der Fertigung anstreben. Während höhere Qualität des Entwurfs meist mehr kostet, ist bessere Qualität der Uebereinstimmung – wie  Abb. 1.1.1  zeigt – manchmal kostengünstiger. Wenn der Gutanteil  q  der Fertigung zunächst links vom optimalen Wert  $q_*$  liegt, so lohnt es sich, einen bestimmten Aufwand für die "Kontrolle der Qualität" zu investieren. Man steigert damit den Gewinn, weil der Gutanteil steigt und die damit verbundene Ertragssteigerung zunächst höher ist als der investierte Betrag für die Qualitätskontrolle. Jedoch sollte der Hersteller nicht über  $q_*$  hinausgehen. Es ist meist ein Trugschluß, zu glauben, daß man mit  q = 1 , d.h. mit völlig fehlerfreier Herstellung, am wirtschaftlichsten fährt. Natürlich gibt es  Fertigungen, bei denen die angedeutete Kostenbetrachtung hinfällig wird. Bei der Herstellung von Fallschirmen wird man (ohne Rücksicht auf die Kosten) unbedingt q = 1  anstreben, weil ein Versagen des Fallschirms möglicherweise den Tod des Benutzers herbeiführt. Solche "kritischen" Merkmale bzw. Fehler werden bei der in  Abb. 1.1.1  dargestellten Sachlage ausgeschlossen.

## 1.2  Die Veränderlichkeit technischer Merkmale; Entstehung von Verteilungen für meßbare Merkmale

Ein technischer Herstellungsvorgang liefert ein Erzeugnis. Bei der Weiterverwendung (Verarbeitung oder Verkauf) interessiert man sich für ein Merkmal (oder auch für mehrere). Diese Merkmale sind entweder meßbar oder zählbar.

| Uebersicht  1.2.1 | |
| --- | --- |
| Erzeugnis | Merkmal ; Eigenschaft |
| Kohle | Korngröße ; Aschegehalt ; Wassergehalt ; Heizwert |
| Stahl | Zerreißfestigkeit ; Dehnbarkeit |
| Einzelteile | Abmessungen |
| Glühlampen | Leistungsaufnahme ; Lebensdauer |
| Kondensatoren | Kapazität ; Durchschlagsspannung |
| Spulen | Widerstand ; Selbstinduktion |
| Draht | Dicke ; Zerreißfestigkeit ; Isolationsfehler |
| Steine | Abmessungen ; Druckfestigkeit ; Wärmeleitfähigkeit |
| Garne | Dicke ; Zerreißfestigkeit |
| Stoffe | Farbfehler ; Webfehler |
| Papier | Saugfähigkeit |
| ⋮ | ⋮ |

Beispiele für meßbare Merkmale sind der Aschegehalt einer Kohlenmenge [in Gew.-%] , die Lebensdauer einer Glühlampe [in Brennstunden] und viele andere. Zu den zählbaren Merkmalen gehören beispielsweise die Zahl der Isolationsfehler je 100 m Kupferdraht, die Zahl der Webfehler je $m^2$ Anzugsstoff, die Zahl der nicht maßhaltigen Teile in einer Liefermenge u.a.

Der Einsatz statistischer Verfahren bei Fertigungsvorgängen beruht auf der Tat-
sache, daß die Merkmalwerte  x  technischer Erzeugnisse stets eine Verteilung
besitzen. Auch bei größter Sorgfalt der Herstellung erreicht man nicht, daß ein
Merkmalwert gleich dem andern wird. Ob man Einzelteile auf der Drehbank auf
bestimmte Abmessungen abdreht, ob man keramische Produkte herstellt, ob man
Mehl, Zucker oder dergl. mit einer Füllmaschine abpackt, stets findet man für
die Merkmalwerte (Durchmesser ; Druckfestigkeit ; Gewicht ; ...) eine Verteilung über die Merkmalachse. In  Abb.  1.2.1  und  1.2.2  sind Beispiele darge-

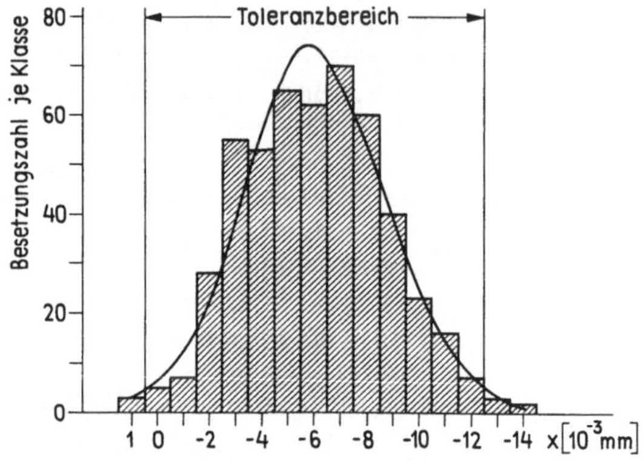


Abb. 1.2.1  Häufigkeitsverteilung des Abmaßes  $x\left[10^{-3}\,\text{mm}\right]$
von  n = 500  Bohrungen.

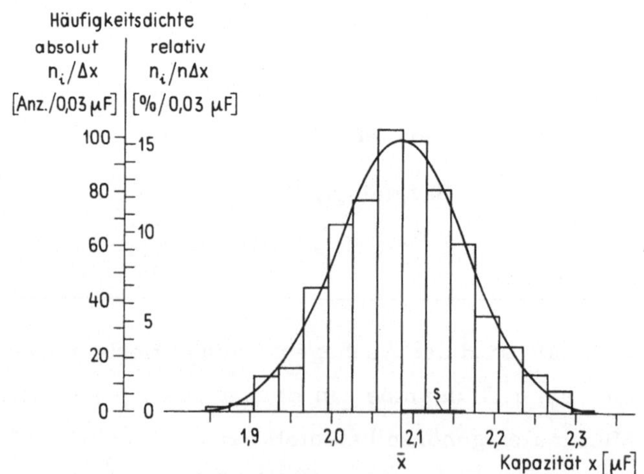


Abb. 1.2.2  Häufigkeitsverteilung der Kapazität  $x\left[\mu F\right]$
von  n = 650  Kondensatoren.

stellt. Warum sich zwangsläufig bei jedem Herstellungsvorgang "Verteilungen" einstellen, soll im folgenden untersucht werden.

Bei jedem Fertigungsvorgang hat man im allgemeinen zwei Arten von Einflußgrößen auf das Ergebnis, die Zielgröße:

(a)  Eine meist große Zahl von Einflußgrößen, von denen aber jede für sich allein einen ganz geringen Einfluß auf den Merkmalwert  x  ausübt. Die Gesamtwirkung aller dieser Einflüsse deutet man als Zufallseinfluß. Die damit verbundene Streuung der Merkmalwerte muß man in Kauf nehmen ; man kann sie grundsätzlich nicht beseitigen.

(b)  Eine meist kleine Zahl von Einflußgrößen, von denen aber jede für sich allein einen beträchtlichen Einfluß auf die Variabilität der Zielgröße ausübt. Diese Einflüsse will man aufdecken und "ausschalten", indem man sie zeitlich konstant hält (so gut es geht).

Man kann sich diese zwei Arten von Einflußgrößen ("zufällige" und "wesentliche") anschaulich an der Modellvorstellung des Galtonbretts klarmachen. In ein senkrecht gestelltes Brett, Abb. 1.2.3 , hat man waagerecht verlaufende Reihen von

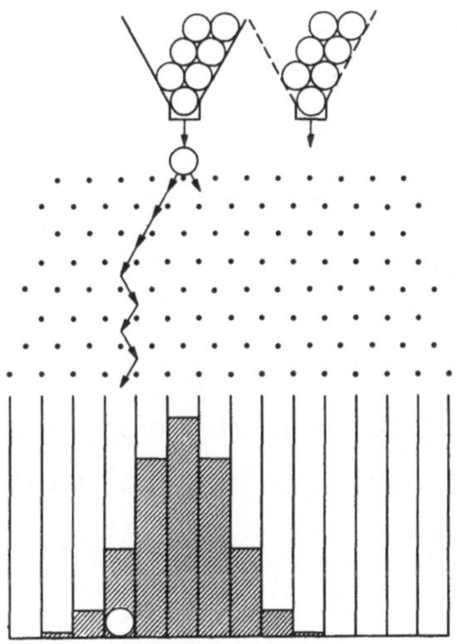

Abb. 1.2.3  Das Galtonbrett.

Nägeln eingeschlagen. Die Nägel oder Stifte haben den gleichen lichten Abstand a voneinander. Jede Nagelreihe ist gegen die vorausgehende "auf Mitte" versetzt. Durch einen Trichter am oberen Ende läßt man Kugeln vom Durchmesser  a  einlaufen, die ohne Spielraum und ohne Reibung zwischen den Nägeln hindurch fallen

können. Trifft eine Kugel auf einen Nagel, so hat sie die Wahl, mit gleicher Wahrscheinlichkeit  W = 1/2  nach rechts oder nach links weiter zu fallen, wenn das
Nagelbrett sorgfältig hergestellt worden ist. Dieses Spiel wiederholt sich in jeder
Nagelreihe. Die Kugel macht einen "Zufallsweg" durch das Nagelbrett. Am unteren Ende werden die Kugeln in einem Fächergestell aufgefangen.

Ohne Nagelreihen würden alle Kugeln in das eine Fach unterhalb des Einlauftrich-
ters fallen: Alle erzeugten Teile hätten den gleichen Merkmalwert. Nun sind aber
die ablenkenden Nagelreihen vorhanden. Jede Nagelreihe des Bretts vertritt einen
kleinen störenden Einfluß beim Herstellungsvorgang. Seine Wirkung ist nicht groß.
Er verschiebt die fallende Kugel (den Merkmalwert der Zielgröße) nur ganz wenig
nach rechts oder links. Aber nun kommt ein zweiter, dritter, vierter, ... aber
jeweils von den anderen Einflüssen unabhängiger Einfluß hinzu. Die Ueberlagerung aller dieser kleinen Einflüsse erzeugt schließlich die unten im Fächergestell
angedeutete Verteilung der Merkmalwerte.

Die wesentlichen Einflüsse bei der Fertigung kann man an dieser Vorrichtung ebenfalls darstellen: Wenn man den Einlauftrichter von einer fest gewählten Ausgangslage aus ein Stück nach rechts oder nach links in eine neue Lage verschiebt, so
wird der Mittelwert der Verteilung verlegt (während ihre Streuung sich nicht ändert). Wenn man den Einlauftrichter von einer fest gewählten Ausgangslage aus
während des Versuchsablaufs (um einige Stiftabstände  a ) zufällig hin- und her
bewegt, so wird die Streuung der Verteilung vergrößert.

Im folgenden soll der anschaulich geschilderte Vorgang durch ein "mathematisches
Modell" erfaßt werden. Dazu denkt man sich den Einlauftrichter fest. Die Ausgangsverteilung der zufälligen Abweichungen  $x - \mu = \epsilon$  für den einfachsten Fall
ist in  Abb. 1.2.4  dargestellt: Bei jedem Schritt überlagert sich dem Merkmal-
wert  $\mu$  additiv eine Zufallsgröße, die nur die "kleinen" Werte  $-\epsilon$  und  $+\epsilon$  mit

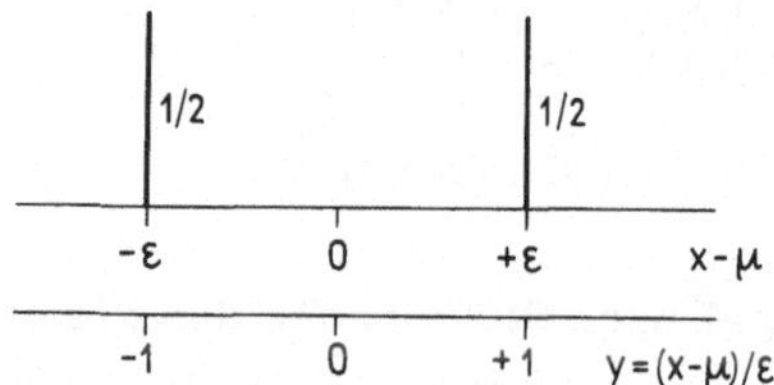



Abb. 1.2.4 Die Ausgangsverteilung für die "kleinen Störungen" $x-\mu = \pm\epsilon$ bzw. $y = \pm 1$ eines technischen Erzeugungsvorgangs.

den Wahrscheinlichkeiten  $W(-\epsilon) = W(+\epsilon) = 1/2$  annimmt;  $\epsilon = a/2$  ist der halbe Stiftabstand des Galtonbretts. Setzt man  $y = (x-\mu)/\epsilon$ , mißt man also alle Abweichungen mit  $\epsilon$  als Einheit, so nimmt  y  nur die Werte  $-1$  und  $+1$  an. Der Mittelwert  $M\{y\}$  aller möglichen  y  ist

$$(1.2.1) \quad M\{y\} = 0 \; ;$$

die Varianz  $V\{y\}$  aller möglichen  y  ist

$$(1.2.2) \quad V\{y\} = 1 \; ,$$

wie man leicht nachrechnet. Läßt man durch ein Brett mit  $k = 10$  Nagelreihen beispielsweise  $2^{10} = 1024$  Kugeln laufen ($2^{10}$ , damit man ohne Rest zehnmal durch  2  teilen kann), so ist die erwartete Verteilung der Kugeln aus  Abb.  1.2.5

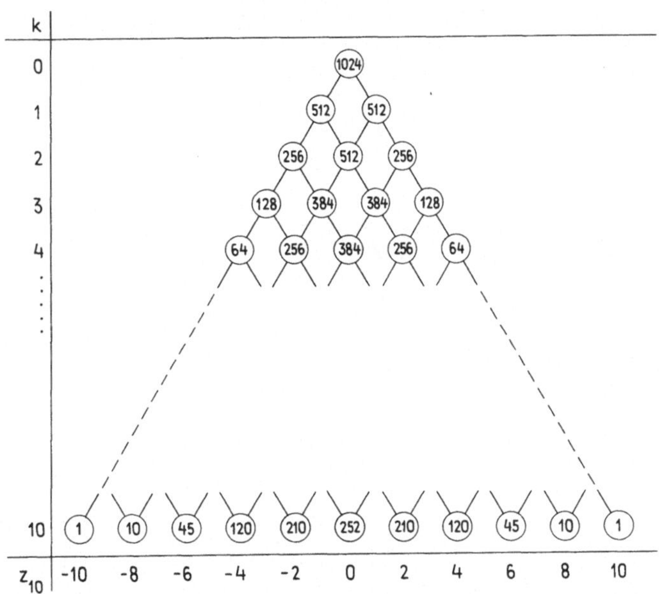

Abb. 1.2.5  Die Verteilung der Abweichungen  z  von  $\mu$  nach  $k = 10$  Störungen gemäß Abb. 1.2.4 .

ersichtlich. Die Abweichungen  $z_k$  von  $\mu$  entstehen als Summe von  k  voneinander unabhängigen  y-Werten ,

$$(1.2.3) \quad z_k = y_1 + y_2 + \dots + y_k = \sum_{i=1}^{k} y_i \; .$$

Die Verteilung der  $z_k$  erstreckt sich für  $k = 10$  von  $-10$  bis  $+10$ , allgemein von  $-k$  bis  $+k$  mit  $\Delta z_k = 2$ . Die Verteilung ist symmetrisch bezüglich  $z_k = 0$ . Wegen der Symmetrie hat sie den Mittelwert  $M\{z_k\} = 0$ , und da die Ausgangsverteilung der $y$ die Varianz $V\{y\} = 1$ besitzt, hat $z_k$ die Varianz $V(z_k) = V\left\{\sum_{i=1}^{k} y_i\right\} = \sum_{i=1}^{k} V\{y_i\} = k \cdot V\{y\} = k$. Die einzelnen Wahrscheinlichkeiten für die möglichen Merkmalwerte $x_k = \mu + z_k \epsilon$ gehen aus der Uebersicht 1.2.2 hervor:

<table>
<tr><td colspan="2" align="center">Uebersicht 1.2.2</td></tr>
<tr><td>Merkmal-<br>wert $x_k$</td><td>Wahrschein-<br>lichkeit $W\{x_k\}$</td></tr>
<tr><td align="center">$\mu - k\epsilon$</td><td align="center">$\binom{k}{0}(1/2)^k$</td></tr>
<tr><td align="center">$\mu - (k-2)\epsilon$</td><td align="center">$\binom{k}{1}(1/2)^k$</td></tr>
<tr><td align="center">$\mu - (k-4)\epsilon$</td><td align="center">$\binom{k}{2}(1/2)^k$</td></tr>
<tr><td align="center">$\vdots$</td><td align="center">$\vdots$</td></tr>
<tr><td align="center">$\mu - (k-2\nu)\epsilon$</td><td align="center">$\binom{k}{\nu}(1/2)^k$</td></tr>
<tr><td align="center">$\vdots$</td><td align="center">$\vdots$</td></tr>
<tr><td align="center">$\mu + (k-2)\epsilon$</td><td align="center">$\binom{k}{k-1}(1/2)^k$</td></tr>
<tr><td align="center">$\mu + k\epsilon$</td><td align="center">$\binom{k}{k}(1/2)^k$</td></tr>
</table>

Die Faktoren

$$(1.2.4) \qquad \binom{k}{\nu} = \binom{k}{k-\nu} = \frac{k!}{\nu!(k-\nu)!} \qquad \text{mit } 0 \le \nu \le k \; ; \; \binom{k}{0} = \binom{k}{k} = 1$$

in dieser Uebersicht, die Binomialkoeffizienten, geben die Zahl der Zufallswege an, auf denen der Wert $\mu - (k-2\nu)\epsilon$ erreicht wird. Das geht anschaulich aus Abb. 1.2.6 hervor. Hier sind die unterschiedlichen Wege für die ersten fünf Schritte "rekursiv" ausgezählt worden. Beispielsweise erreicht man bei $k = 5$ den Punkt $z_5' = -1$ von $z_4' = -2$ und von $z_4'' = 0$ aus, je nachdem, ob beim fünften Schritt $y_5' = +1$ oder $y_5'' = -1$ hinzutritt. Da der Punkt $z_4' = -2$ auf 4 verschiedenen Wegen und der Punkt $z_4'' = 0$ auf 6 Wegen erreicht wird, hat man für $z_5 = -1$ insgesamt $4 + 6 = 10$ verschiedene Wege. In dieser Weise kann man die Ueberlegung fortsetzen. Durch vollständige Induktion (Schluß von $k$ auf $k + 1$) mit Hilfe der bekannten Eigenschaft

$$(1.2.5) \qquad \binom{k}{\nu} + \binom{k}{\nu+1} = \binom{k+1}{\nu+1}$$

der Binomialkoeffizienten läßt sich der Beweis leicht allgemein führen. - Die Sum-
me aller Wahrscheinlichkeiten $W\{x_k\}$ wird wegen $\sum\limits_{\nu=0}^{k}\binom{k}{\nu} = (1+1)^k = 2^k$

$$(1.2.6) \qquad \sum_{\nu=0}^{k}\binom{k}{\nu}\left(\frac{1}{2}\right)^k = 1 \, ,$$

wie es sein muß.

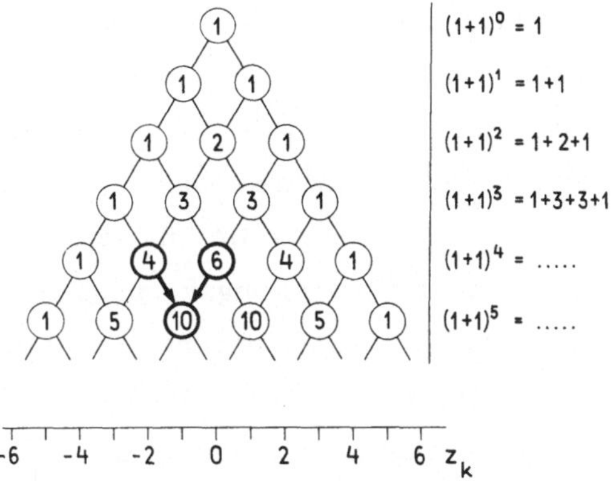


Abb. 1.2.6  Zur Ermittlung der Zahl $\binom{k}{\nu}$ der Wege durch
das Galtonbrett zum Punkt $z_k = -(k-2\nu)$ ; $0 \leqq \nu \leqq k$ .

Die Summenlinie $\Psi(z_k)$ der Verteilung aus Abb. 1.2.5 ist für $k = 10$ im Wahrscheinlichkeitsnetz der Abb. 1.2.7 durch die Punkte dargestellt. Die eingezeich-
nete Gerade ist die Summenlinie einer Normalverteilung mit dem Mittelwert 0

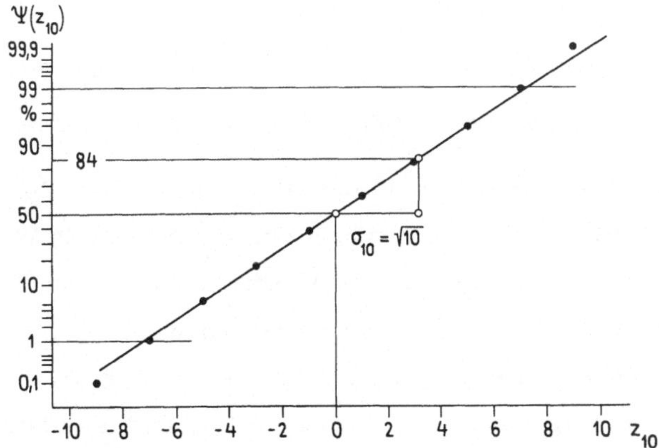


Abb. 1.2.7  Die Summenlinie für die Verteilung der
Abweichungen $z_{10}$ von $\mu$ nach Abb. 1.2.5 .

und der Standardabweichung  $\sigma\{z_{10}\} = \sqrt{10}$ . Ersichtlich läßt sich  $\Psi(z_k)$  für
k = 10  im Bereich  $1\% \lesssim \Psi(z_{10}) \lesssim 99\%$  gut durch eine Normalverteilung (welche
denselben Mittelwert und dieselbe Standardabweichung wie  $z_k$  besitzt) annähern.
Die Summe von  k = 10  Zufallsgrößen  y , die mit gleicher Wahrscheinlichkeit
nur die Werte  −1  und  +1  annehmen, ist demnach (nahezu) normal verteilt.

Das im vorstehenden beschriebene einfache mathematische Modell führt mit
wachsender Zahl  k  der Einflußgrößen zu einer "Normalverteilung" der Merkmalwerte um den Mittelwert  $\mu$  mit der Standardabweichung  $\sqrt{k}\epsilon$ . Die Begrün-
dung für diesen Sachverhalt liefert der zentrale Grenzwertsatz der Wahrscheinlichkeitsrechnung. Das Modell läßt sich in mehrfacher Hinsicht verallgemeinern.
Drei Möglichkeiten  (1) ,  (2)  und  (3)  werden im folgenden angedeutet.
Möglichkeit  (1) :  Zunächst wird ein Herstellungsvorgang betrachtet, der verschiedene Schritte (Phasen)  $1, 2, 3, \ldots i, \ldots$  durchläuft. In der Phase  i  wird
der Merkmalwert (z. B. die Festigkeit) um den Betrag  $a_i$  geändert, wenn keine
Störgrößen wirken. Dieser Aenderung  $a_i$  überlagert sich jedoch infolge von
Störeinflüssen ein "kleiner" Zufallsfehler  $\epsilon_i$ . Ebenso wie im vorausgehenden
Modell soll hier die Zufallsabweichung  $\epsilon_i$  nur die Werte  $-\epsilon$  oder  $+\epsilon$  jeweils
mit der Wahrscheinlichkeit  1/2  annehmen können;  $\epsilon_i$  ist von  $\epsilon_j$  für  $i \neq j$
nicht abhängig. Der Ausgangswert des Merkmals sei  $\mu_0$ . Nach Ablauf von
k  Schritten ist der Merkmalwert

$$(1.2.7) \quad x_k = \mu_0 + (a_1 + \epsilon_1) + (a_2 + \epsilon_2) + \ldots \quad + (a_k + \epsilon_k)$$

$$= (\mu_0 + a_1 + a_2 + \ldots + a_k) + (\epsilon_1 + \epsilon_2 + \ldots + \epsilon_k) = \mu_k + \eta_k .$$

$$\underset{\mu_k}{\longleftrightarrow} \qquad \underset{\eta_k}{\longleftrightarrow}$$

ohne Störgrößen        Einfluß der Störgrößen ist additiv

Infolge der Störeinflüsse erreicht man für alle hergestellten Teile nicht den
gleichen (angestrebten) Wert  $\mu_k$ , sondern um  $\mu_k$  streuende Werte, wobei die
Zufallsabweichungen  $\eta_k$  als ganzzahlige Vielfache von  $\epsilon$  im Bereich
$-k\epsilon \lessgtr \eta_k \lessgtr k\epsilon$  liegen und sich um den angestrebten Wert  $\mu_k$  mit den gleichen
Wahrscheinlichkeiten verteilen wie in der Uebersicht  1.2.2 .
Möglichkeit  (2) :  Im folgenden wird vorausgesetzt, daß die relativen Abweichungen bei jedem Schritt des Vorgangs die Werte  $-\epsilon$  bzw.  $+\epsilon$  annehmen. Der Ausgangswert des Merkmals sei  $\mu_0 > 0$ . In der Phase  i  wird der vorhandene Ausgangswert mit dem positiven Faktor  $q_i \neq 1$  multipliziert. Ohne Störungen entsteht in Phase  1  aus dem Ausgangswert  $\mu_0$  der Endwert  $\mu_1 = \mu_0 q_1$ , der als

Anfangswert in die zweite Phase eingeht. In Phase  2  entsteht aus  $\mu_1$  der Endwert  $\mu_2 = \mu_1 q_2$  usw. Nach dem Durchlaufen von  k  Schritten hat man ohne Störeinflüsse den Endwert

$$(1.2.8) \qquad \mu_k = \mu_{k-1} q_k = \mu_{k-2} q_{k-1} q_k = \cdots = \mu_0 q_1 q_2 q_3 \cdots q_k$$

erreicht. Die Störeinflüsse der Phase  i  bewirken, daß der Faktor  $q_i$  nicht
genau eingehalten wird, sondern den Wert  $q_i(1+\epsilon_i)$  hat. Dabei ist die relative
Abweichung dem Betrage nach  $|\epsilon_i| \ll 1$  und  $\epsilon_i$  nimmt mit der Wahrscheinlich-
keit  1/2  nur den Wert  $-\epsilon$  oder  $+\epsilon$  an. Nach  k  Schritten wird der gestörte
Endwert

$$(1.2.9) \qquad x_k = \mu_0 q_1(1+\epsilon_1) q_2(1+\epsilon_2) \cdots q_k(1+\epsilon_k)$$

oder mit  (1.2.8)

$$(1.2.10) \qquad x_k = \mu_k \underbrace{(1+\epsilon_1)(1+\epsilon_2) \cdots (1+\epsilon_k)}_{\text{Einfluß der Störgrößen ist multiplikativ}} .$$

$x_k$  ist eine Zufallsgröße. Wenn alle  $\epsilon_i$  gleich  $-\epsilon$  sind, so erscheint der kleinste Wert  $\mu_k(1-\epsilon)^k$ ; wenn alle  $\epsilon_i$  gleich  $+\epsilon$  sind, so erscheint der größte
Wert  $\mu_k(1+\epsilon)^k$ . Die möglichen Werte von  $x_k$  mit ihren Wahrscheinlichkeiten
$W\{x_k\}$  gehen aus der Uebersicht  1.2.3  hervor.

| Uebersicht 1.2.3 | |
|---|---|
| Merkmalwert $x_k$ | Wahrscheinlichkeit $W\{x_k\}$ |
| $\mu_k(1-\epsilon)^k \cdot (1+\epsilon)^0$ | $\binom{k}{0} (1/2)^k$ |
| $\mu_k(1-\epsilon)^{k-1} \cdot (1+\epsilon)^1$ | $\binom{k}{1} (1/2)^k$ |
| $\mu_k(1-\epsilon)^{k-2} \cdot (1+\epsilon)^2$ | $\binom{k}{2} (1/2)^k$ |
| $\vdots$ | $\vdots$ |
| $\mu_k(1-\epsilon)^{k-\nu} \cdot (1+\epsilon)^\nu$ | $\binom{k}{\nu} (1/2)^k$ |
| $\vdots$ | $\vdots$ |
| $\mu_k(1-\epsilon)^1 \cdot (1+\epsilon)^{k-1}$ | $\binom{k}{k-1} (1/2)^k$ |
| $\mu_k(1-\epsilon)^0 \cdot (1+\epsilon)^k$ | $\binom{k}{k} (1/2)^k$ |

Während in der Uebersicht  1.2.2  die Differenz aufeinanderfolgender Merkmalwerte konstant ist,

(1.2.11)   $D = \text{konst} = 2\,\epsilon$ ,

ist in der Uebersicht  1.2.3  der Quotient aufeinanderfolgender Merkmalwerte
konstant,

(1.2.12)   $Q = \text{konst} = \dfrac{1+\epsilon}{1-\epsilon} \approx 1 + 2\,\epsilon$ .

In  Abb.  1.2.8  ist die Verteilung der Zufallsgröße  $x_k/\mu_k$  für  $Q = (1+\epsilon)/(1-\epsilon) = 1,4$
bzw.  $\epsilon = 1/6$  und  $k = 10$  dargestellt. Sie ist ersichtlich nicht symmetrisch, son-

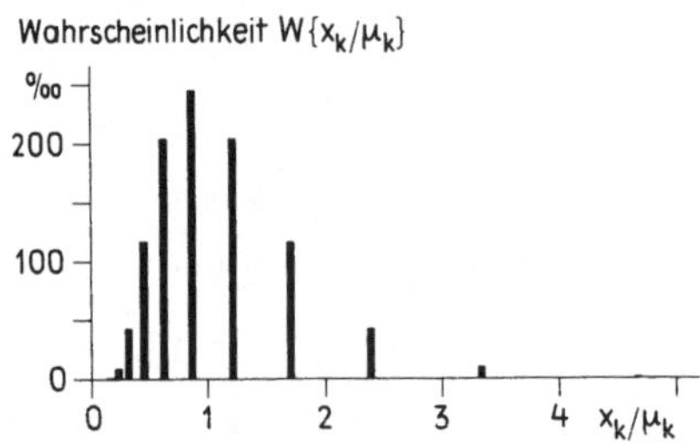


Abb.  1.2.8  Die Verteilung von  $x_k/\mu_k$  aus Uebersicht  1.2.3
für  $k = 10$ . Zahlenmäßig ist  $Q = 1,4$  ;  $\epsilon = 1/6$  .

dern (nach rechts) schief. Mit wachsender Schrittzahl  k  gelten für beliebig klei-
nes positives  $\epsilon < 1$  die Beziehungen

$$(1-\epsilon)^k \longrightarrow 0 \quad \text{und} \quad (1+\epsilon)^k \longrightarrow \infty \quad \text{für} \quad k \longrightarrow \infty \ .$$

Mit wachsender Schrittzahl  k  erstreckt sich der Bereich der  $(x_k/\mu_k)$-Verteilung
demnach von  0  bis  $\infty$ .

Durch eine Merkmaltransformation läßt sich die Verteilung der Uebersicht  1.2.3
in eine der Uebersicht  1.2.2  entsprechende Gestalt überführen. Setzt man den
kleinsten Merkmalwert  $\mu_k(1-\epsilon)^k$  der Uebersicht  1.2.3  gleich  $x_k^*$ ,

(1.2.13)   $\mu_k(1-\epsilon)^k = x_k^*$ ,

so läßt sich die Folge der möglichen Werte von  $x_k$  in der Form

$$x_k^* \ ; \ x_k^* Q \ ; \ x_k^* Q^2 \ ; \ \ldots \ ; \ x_k^* Q^\nu \ ; \ \ldots \ ; \ x_k^* Q^k$$

schreiben. Transformiert man  $x_k$  zu  $X_k$  durch

(1.2.14)   $X_k = \log x_k$  ,

wobei man

(1.2.15)   $\log x_k^* = X_k^*$   und   $\log Q = \text{konst} = \text{ß}$

setzt,  so folgt aus

$$\log(x_k^* Q^\nu) = \log x_k^* + \nu \log Q = X_k^* + \nu\text{ß} \; ,$$

daß die Folge der transformierten Werte von  $X_k$  die folgende Gestalt hat :

$$X_k^* \; ; \; X_k^* + \text{ß} \; ; \; X_k^* + 2\,\text{ß} \; ; \; \dots \; ; \; X_k^* + \nu\text{ß} \; ; \; \dots \; ; \; X_k^* + k\,\text{ß} \; .$$

Die Differenz zweier aufeinanderfolgender  $X_k$-Werte  hat ebenso wie in Uebersicht  1.2.2  bzw. in Gleichung  (1.2.11)  einen festen Wert,

(1.2.16)   $\Delta X_k = \text{konst} = \text{ß}$ ,

und es gilt  $W\left\{X_k^* + \nu\text{ß}\right\} = \binom{k}{\nu}\left(\frac{1}{2}\right)^k$ . Daraus folgt entsprechend der  Abb. 1.2.7 ,
daß der Logarithmus  $X_k$  der Zufallsgröße  $x_k$  (nahezu) normal verteilt ist, wenn
die Zahl der Schritte  k  hinreichend groß wird.

<u>Möglichkeit  (3)</u> :  Eine weitere Verallgemeinerung des mathematischen Modells
für einen "Fertigungsvorgang mit kleinen Störungen" besteht darin,  daß man nach
Abb. 1.2.9 bei jedem Einzelschritt  i  bzw. bei jeder Störgröße  Nr. i  eine weit-

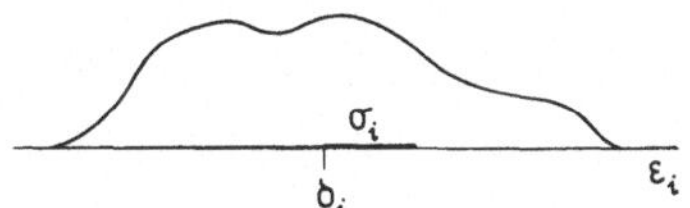

Abb. 1.2.9  Die Verteilung der "kleinen Störungen"  $\epsilon_i$  im allge-
meinen Falle ; es ist  $M\left\{\epsilon_i\right\} = \delta_i$  und  $V\left\{\epsilon_i\right\} = \sigma_i^2$ .

gehend beliebige Verteilung der "kleinen" Störungen  $\epsilon_i$  (über einen endlichen
Bereich) zuläßt. Mittelwert und Varianz aller möglichen Abweichungen  $\epsilon_i$  seien

(1.2.17)   $M\left\{\epsilon_i\right\} = \delta_i$   und   $V\left\{\epsilon_i\right\} = \sigma_i^2 \geq \sigma_0^2 > 0$  .

Bei additiver Ueberlagerung von  k  Störgrößen  $\epsilon_i$  wird die Zielgröße  x  schließlich

(1.2.18)   $x = \mu + \sum_{i=1}^{k} \epsilon_i$  .

Sie hat den Mittelwert

(1.2.19)   $M\left\{x\right\} = \mu + \sum_{i=1}^{k} \delta_i$  .

Die Varianz wird

$$(1.2.20) \quad V\{x\} = \sum_{i=1}^{k} \sigma_i^2 \,,$$

falls die Störungen $\epsilon_i$ und $\epsilon_j$ für $i \neq j$ unabhängig voneinander auftreten. Auf
Grund des zentralen Grenzwertsatzes der Wahrscheinlichkeitsrechnung strebt
die Verteilung von $x$ mit wachsender Zahl $k$ der Störgrößen gegen eine Normalverteilung. Die Annäherung durch eine Normalverteilung ist bereits für "kleine" $k$
($k$ = 5 bis 10) möglich, wenn die Varianzen $\sigma_i^2$ der Störgrößen $\epsilon_i$ von gleicher
Größenordnung sind.

Die vorstehenden Ausführungen beschreiben nur einige stark vereinfachte mathematische Modelle für den Ablauf eines Fertigungsvorgangs, wenn zahlreiche Störgrößen vorhanden sind. In Wirklichkeit laufen die Vorgänge oft sehr viel verwickel-
ter ab. Man beobachtet infolgedessen bei den Merkmalwerten technischer Erzeugnisse Verteilungen von sehr unterschiedlicher Gestalt, auf jeden Fall entsteht aber
eine Verteilung: Die Merkmalwerte technischer Erzeugnisse sind Zufallsgrößen.


## 1.3  Die Kennzeichnung von Verteilungen durch Parameter für Lage und Streuung; Toleranzgrenzen

Zu den Kenngrößen, welche die Lage einer Verteilung auf der Merkmalachse
kennzeichnen, gehören die "Mittelwerte", von denen in den folgenden Abschnitten
der arithmetische Mittelwert und der Zentralwert benutzt werden. Von den Kenngrößen, welche die Streuung einer Verteilung kennzeichnen, werden später die Varianz, die Standardabweichung und die Spannweite benutzt.

Ist die Verteilung eines Merkmals $x$ durch ihre Dichtefunktion $\psi(x)$ gegeben
(z.B. als Modellverteilung eines Herstellungsvorgangs), so findet man den Mittelwert $M\{x\} = \mu$ der Verteilung von $x$, indem man den Merkmalwert $x$ mit
der Wahrscheinlichkeit $\psi(x)\,dx$ seines Auftretens multipliziert und über die ganze Merkmalachse integriert,

$$(1.3.1) \quad M\{x\} = \mu = \int_{-\infty}^{\infty} x\,\psi(x)\,dx \,.$$

Die Varianz $V\{x\} = \sigma^2$ der Verteilung von $x$ findet man, indem man die "Ab-
weichung" $(x-\mu)$ zwischen Merkmalwert $x$ und Mittelwert $\mu$ quadriert, mit der
Wahrscheinlichkeit $\psi(x)\,dx$ ihres Auftretens multipliziert und über die ganze
Merkmalachse integriert,

$$(1.3.2) \quad V\{x\} = \sigma^2 = \int_{-\infty}^{\infty} (x-\mu)^2 \, \psi(x) \, dx \; .$$

Die Standardabweichung $\sigma$ ist die (positive) Quadratwurzel aus der Varianz,

$$(1.3.3) \quad \sigma = \sqrt{V\{x\}} \; .$$

Das Wertepaar $(\mu \,;\, \sigma^2)$ kennzeichnet die Verteilung nach Lage und Streuung. Die übrigen eingangs erwähnten Parameter Zentralwert, Spannweite u. a. werden zu gegebener Zeit erläutert werden.

Da man im allgemeinen bei einem ablaufenden Vorgang weder $\mu$ noch $\sigma^2$ kennt, muß man sich durch Entnahme einer Probe ein Bild über die Verteilung des Merkmals $x$ machen. Hat man (im Zeitabschnitt $t_1 \leqslant t \leqslant t_2$) insgesamt $n$ Einzelwerte $x_1 \,;\, x_2 \,;\, \ldots \,;\, x_\nu \,;\, \ldots \,;\, x_n$ des Merkmals $x$ gemessen, so sind Mittelwert $\bar{x}$ und Varianz $s^2$ dieser Probe Schätzwerte für die unbekannten Parameter $\mu$ und $\sigma^2$ der Verteilung (im Zeitabschnitt $t_1 \leqslant t \leqslant t_2$) . Es ist

$$(1.3.4) \quad \bar{x} = \frac{1}{n} \sum_{\nu=1}^{n} x_\nu$$

und

$$(1.3.5) \quad V = s^2 = \frac{1}{n-1} \sum_{\nu=1}^{n} (x_\nu - \bar{x})^2 \; .$$

Die Gleichungen $(1.3.4)$ und $(1.3.5)$ sind "Definitionsgleichungen" , aus denen man natürlich $\bar{x}$ und $s^2$ berechnen darf. Praktisch tut man das nicht, sondern verwendet zweckmäßigere "Rechengleichungen", insbesondere, wenn die Zahl $n$ der Beobachtungen "groß" wird. [1)]

Die Parameter $\mu$ und $\sigma^2$ bzw. ihre Schätzwerte $\bar{x}$ und $s^2$ sind "Qualitätsmaße" für die Fertigung und/oder die Liefermenge. In Abb. 1.3.1 handelt es sich beispielsweise um Druckfestigkeiten von Probewürfeln aus Beton. Der Hersteller A "fertigt" mit dem Mittelwert $\mu_A$ = 500 kp/cm$^2$ und der Standardabweichung $\sigma_A$ = 100 kp/cm$^2$ . Beim Hersteller B sind die entsprechenden Werte $\mu_B$ = 450 kp/cm$^2$ und $\sigma_B$ = 60 kp/cm$^2$ . Wenn die mittlere Festigkeit $\mu$ das ausschlaggebende Qualitätsmaß darstellt, so fertigt A besser als B , denn 500 liegt höher als 450 . Wenn jedoch die Gleichmäßigkeit der Fertigung, also $\sigma$ , das ausschlaggebende Qualitätsmaß darstellt, so fertigt B besser als A , denn 60 ist kleiner als 100 . Ob $\mu$ oder $\sigma$ oder beide Kenngrößen als Qualitätsmaße praktische Bedeutung ha-

------

1) Solche "Rechengleichungen" findet der Leser beispielsweise in $\lfloor 6 \rfloor$ ,
   Gl. (2.3.3) ; (2.3.6) ; (2.10.4) bis (2.10.7) .

ben, ist von Fall zu Fall verschieden. Ist beispielsweise  $\mu$  der mittlere Wasser-
gehalt $\left[\text{in Gew.-\%}\right]$ in einer Wurst, so bedeuten sehr große Werte von  $\mu$  schlechte

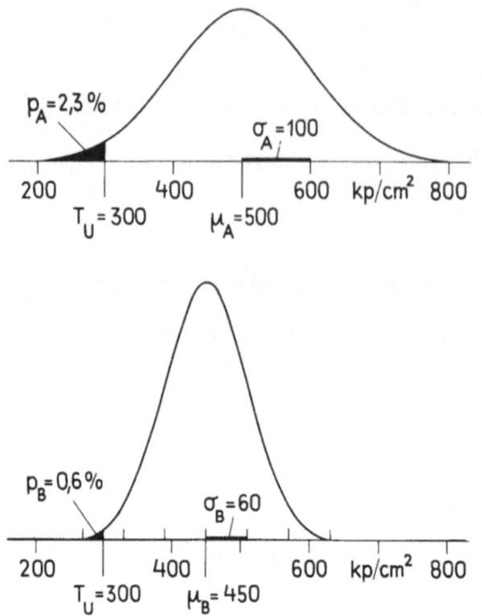


Abb. 1.3.1  Mittelwert $\mu$ und/oder Standardabweichung $\sigma$ der
Verteilung sind "Qualitätsmaße" der Fertigung.

Qualität. Die Standardabweichung  $\sigma$  ist ein Maß für die Gleichmäßigkeit der Fertigung, auf die es oft entscheidend ankommt. Man denke beispielsweise an den Gehalt von Wirkstoff in Tabletten für medizinische Zwecke. Der Benutzer muß erwarten, daß ein vorgeschriebener Gehalt von  2 mg  je Tablette mit "geringen"
Abweichungen eingehalten wird.

Die Kenngrößen für Lage und Streuung einer Verteilung bleiben infolge der in
Abschnitt 1.2  genannten "wesentlichen" Einflußgrößen während der Fertigung
nicht fest, sondern ändern sich mit der Zeit. In  Abb. 1.3.2  ist waagerecht die
Zeit abgetragen. Im Fall  (a)  wandert der Mittelwert im Laufe der Zeit hin und
her ; im Fall  (b)  bleibt der Mittelwert fest, jedoch ändert sich die Streuung.
Meistens überlagern sich beide Erscheinungen wie im Fall  (c) . Die Einflüsse,
die eine Veränderung der Verteilung bzw. ihrer Kenngrößen bewirken, können
beim eingesetzten Rohstoff, beim benutzten Verfahren, bei den verwendeten Maschinen, beim bedienenden Arbeiter und/oder in der Umwelt liegen. Es sind die
bekannten vier  M , Material, Methode, Maschine, Mensch, von denen die störenden Einflüsse herkommen. Dazu tritt in manchen Fällen der Einfluß der Umgebung durch Temperatur, Luftfeuchtigkeit, Staubgehalt, Lärm u.a.

Der angestrebte Zustand ist der Fall (d) der Abb. 1.3.2 : Mittelwert und Standardabweichung der Verteilung sollen über die ganze Zeit hinweg unverändert sta-

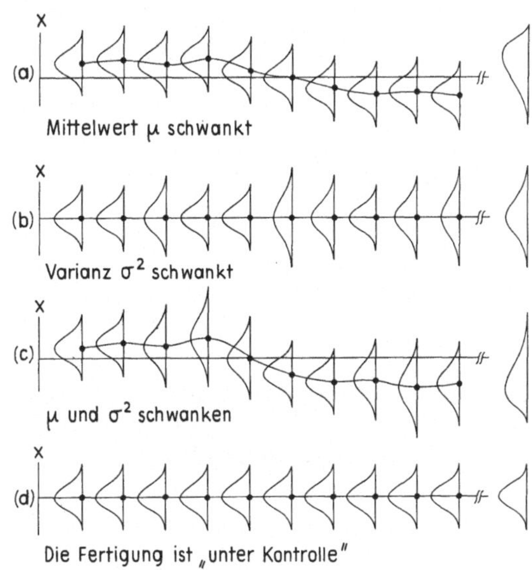


Abb. 1.3.2  Die Schwankungen der Qualitätsmaße $\mu$ bzw. $\sigma^2$ bei einer Fertigung.

bil bleiben. Mehr läßt sich nicht erreichen. Mit einer gewissen Variabilität der Merkmalwerte muß man sich abfinden, da die große Zahl der "zufälligen" Einflußgrößen mit winzig kleinem Einfluß auf die Zielgröße nicht ausgeschaltet werden kann.

Beim Abdrehen eines Außendurchmessers auf einer Drehmaschine wirken beispielsweise folgende Einflußgrößen: im Bereich der Herstellung die Härte des Rohlings, die Drehgeschwindigkeit, die Schneidetiefe, der Anpreßdruck, die Schmierung, die Kühlung, Schwingungen der Drehbank, Temperaturschwankungen usw. ; schließlich beim Meßvorgang die Lage der Meßstelle, der Temperaturunterschied zwischen Werkstück und Meßgerät, Schmutzteilchen auf dem Werkstück, der Oelfilm, der Anpreßdruck des Meßgeräts, die Lage des Prüflings im Gerät u.a. Das sind insgesamt etwa 15 solcher "zufälliger" Einflußgrößen, die man bei dieser Fertigung nicht konstant halten kann, ohne die Kosten uferlos zu steigern.

Man schreibt deshalb für die Merkmalwerte x nicht nur "Sollwerte" $\mu_1$ vor, sondern auch einseitige bzw. zweiseitige Toleranzgrenzen T , die man bei der

Fertigung weder über- noch unterschreiten soll ; Abb. 1.3.3 . Sie werden so gewählt, daß die Erzeugnisse im Hinblick auf Austauschbarkeit und Funktionsfähig-
keit verwendbar sind. Die Toleranzgrenzen sind fest vorgegebene Grenzwerte, die

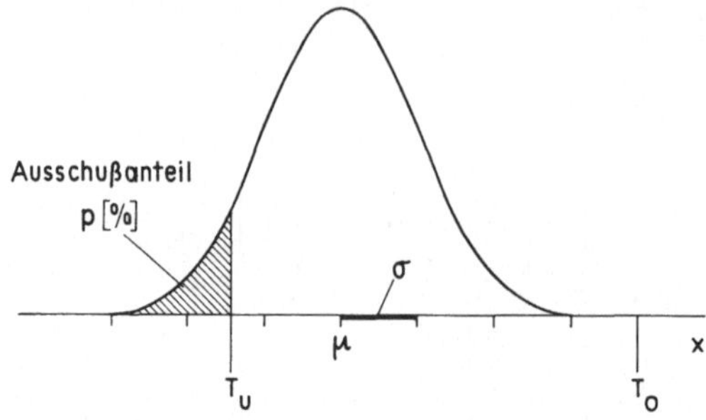


Abb. 1.3.3 Für die Merkmalwerte sind (einseitige bzw.
zweiseitige) Toleranzgrenzen vorgeschrieben, die man
nicht unter- oder überschreiten soll.

der Konstrukteur auf der Werkzeichnung, der Käufer im Liefervertrag oder ein
Industrieverband in verbindlichen Qualitätsnormen (einem Pflichtenheft für seine
Mitglieder) festgelegt hat. Gleichmäßigere Qualität (d.h. enge Verteilung) ist normalerweise teurer. Die Partner sollten sich deshalb auf "sinnvolle" Toleranzgrenzen einigen. Sinnvoll sind solche Grenzen, wenn sie für die Verwendung des Er-
zeugnisses notwendig sind und vom Hersteller mit "normalem" Aufwand eingehalten werden können. Einseitig von einem der Vertragspartner auf Grund seiner
Machtstellung durchgesetzte weite oder enge Grenzen sind weder technisch noch
wirtschaftlich vertretbar.

Für den Aschegehalt bei Kohle wird man einseitig eine obere Toleranzgrenze, den
zulässigen Höchstwert $T_O$ , vorschreiben. Für Festigkeiten, Lebensdauern, Heiz-
werte, ... wird man einseitig untere Toleranzgrenzen, die zulässigen Mindest-
werte $T_U$ , festlegen. Bei Abmessungen (Durchmesser, Länge, ... ) sind wegen
der Forderung der Austauschbarkeit meist beide Toleranzgrenzen $T_U$ und $T_O$
von praktischer Bedeutung. Nach Abb. 1.3.4 sind Mittelwert $\mu$ und Standardabweichung $\sigma$ eines Erzeugungsvorgangs so zu "steuern", daß die Gesamtfertigung
innerhalb der Toleranzgrenzen liegt,

(1.3.6)    $T_U \leq x \leq T_O$        für alle x .

Wenn das nicht gelingt, so entsteht entweder unterhalb $T_U$ (wie in Abb. 1.3.3)
oder oberhalb $T_O$ oder außerhalb beider Grenzen ein "Ausschußanteil" oder

"Schlechtanteil"  p . In manchen Fällen ist dieser Anteil wirklich Ausschuß, den
man wegwerfen muß (z. B. Teile mit Bohrlöchern von zu großem Durchmesser).

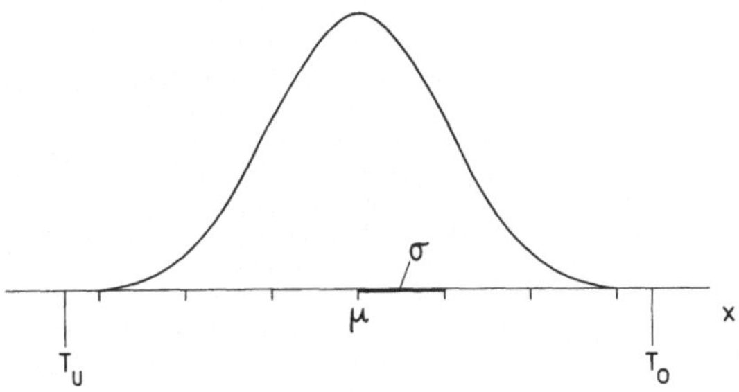


Abb. 1.3.4  Mittelwert $\mu$ und Standardabweichung $\sigma$
eines Erzeugungsvorgangs sind so zu steuern , daß
die Gesamtfertigung innerhalb der Toleranzgrenzen
liegt.

Manchmal kann man einen solchen Anteil der Fertigung durch Nacharbeit noch
brauchbar machen (z. B. Teile mit Bohrlöchern von zu kleinem Durchmesser),
und gelegentlich kann man ihn als "Qualität zweiter Wahl" zu herabgesetzten
Preisen verkaufen. Die Bezeichnung "Schlecht"- oder "Ausschuß"-Anteil ist
also relativ zu werten. Es heißt zunächst nur, daß der Anteil den Vorschriften
einer Zeichnung, Lieferbedingung oder dergl. nicht entspricht und daß über diesen Anteil gesondert verfügt werden muß. Der Schlechtanteil  p  ist ebenfalls
ein Maß für die Qualität; so ist z. B. in  Abb. 1.3.1  eine untere Toleranzgrenze
$T_U$ = 300 $\left[\text{kp/cm}^2\right]$ für die Betondruckfestigkeit vorgeschrieben. Verwendet man
p  als Qualitätsmaß, so fertigt  B  besser als  A , denn $p_B$ = 0,6% ist kleiner
als $p_A$ = 2,3% . Selbstverständlich ist das Qualitätsmaß  p  von $\mu$ und $\sigma$ abhängig.

## 1.4  Der Grundgedanke für die Überwachung einer Fertigung durch Kontrollkarten

Eine vorgeschriebene "Qualität der Uebereinstimmung" kann vom Hersteller auf
unterschiedliche Weise gewährleistet werden. Eine Möglichkeit, die Vollprüfung,
ist in  Abb. 1.4.1  dargestellt. Bei jedem Erzeugungsvorgang sind Rohstoffe
(Material), Maschinen und Menschen beteiligt. Das Erzeugnis geht in Abb. 1.4.1

nach der Fertigung zur "Einzelprüfung", d.h. es wird Stück für Stück festgestellt, ob die Merkmalwerte x (wie Länge, Gewicht, Widerstand, Kapazität, ... ) innerhalb der vorgeschriebenen Toleranzgrenzen $T_U \leqq x \leqq T_O$ liegen oder nicht.

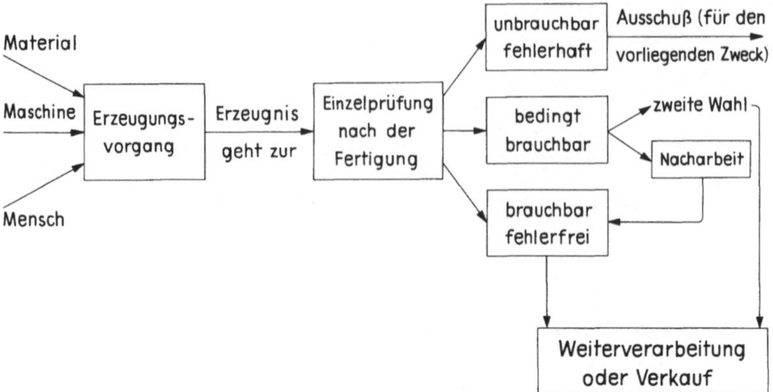


Abb. 1.4.1  Die vorgeschriebene "Qualität der Uebereinstimmung" wird "erprüft".

Das Erzeugnis wird als "unbrauchbar" oder als "bedingt brauchbar" oder als "brauchbar" eingestuft. Der unbrauchbare Anteil ist (mindestens für den vorliegenden Zweck) nicht verwendbar, also Ausschuß. Der bedingt brauchbare Anteil wird entweder als "zweite Wahl" verkauft, oder er kann durch Nacharbeit noch brauchbar gemacht werden. Der brauchbare Anteil geht zur Weiterverarbeitung oder zum Verkauf. Man nimmt bei diesem Verfahren die Entstehung eines gewissen "Schlechtanteils" in Kauf und beseitigt ihn durch einen Prüfvorgang. Die Ergebnisse dieser Prüfung werden zur Steuerung des Fertigungsvorgangs nicht herangezogen. Wenn das Erzeugnis erst längere Zeit nach seiner Fertigung geprüft wird, ist die Rückmeldung der Ergebnisse an die Fertigung wertlos, selbst wenn sie stattfindet. Meist ist eine solche Rückmeldung aber gar nicht vorgesehen (oder nur im Sonderfall eines sehr hohen Schlechtanteils). Die "Qualität der Uebereinstimmung" wird bei diesem Verfahren "erprüft". Das Verfahren versagt, wenn das zu beurteilende Erzeugnis bei der Prüfung beeinträchtigt oder zerstört wird (Lebensdauer von Glühlampen und Elektronenröhren, ... , Kaltdruckfestigkeit feuerfester Steine, Höchstzugkraft von Garn, ...) . In dem Falle muß man auf "Stichprobenprüfung" übergehen. Ferner lehrt die praktische Erfahrung, daß eine "Vollprüfung" nicht fehlerfrei abläuft, mindestens soweit der Mensch dabei beteiligt ist. Es handelt sich um eine ermüdende und abstumpfende Tätigkeit, bei

der gelegentlich gute Teile als "schlecht" und schlechte Teile als "gut" eingeord-
net werden. Auch bei Verwendung von automatischen Prüfmaschinen ist i. a. keine
fehlerfreie Vollprüfung möglich. Die Wahrscheinlichkeit solcher Fehlentscheidungen liegt auch bei "sorgfältigen" Arbeitskräften bei ein paar Tausendstel (‰) .

Das beschriebene Verfahren hat demnach eine Reihe erheblicher Mängel:

(1)      den zeitlichen Abstand zwischen Fertigung und Prüfung ;

(2)      Vollprüfung ist teuer ;

(3)      Vollprüfung ist nicht fehlerfrei ;

(4)      Vollprüfung ist nicht möglich bei "Zerstörung" des Prüflings.

Die Nachteile (2) bis (4) werden vermieden, wenn man von Vollprüfung zu
"Stichprobenprüfung" übergeht. Der unerwünschte Zeitunterschied (1) zwischen
Fertigung und Prüfung fällt weg, wenn während der Fertigung an der Maschine
geprüft wird. Diese Möglichkeit geht aus Abb. 1.4.2 hervor. Mit diesem Verfahren läßt sich sowohl der Erzeugungsvorgang als auch die zwischen zwei gegebenen Zeitpunkten erzeugte Menge beurteilen. Die erzeugten Teile denkt man sich
auf einem Band abgeführt. Die auf dem Band schraffiert gezeichneten Proben
Nr. 1, 2, 3, ... werden der laufenden Fertigung zu den Zeitpunkten $t_1, t_2, t_3, \ldots$

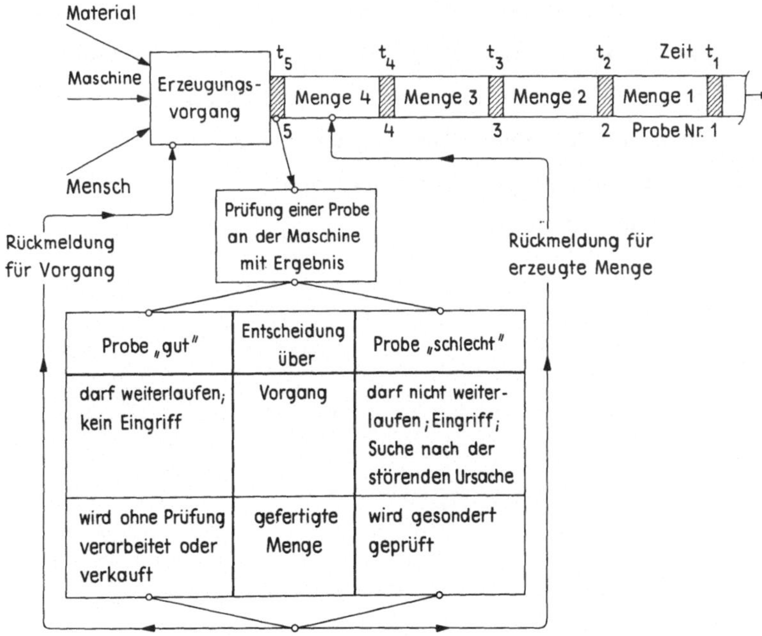


| Probe „gut" | Entscheidung über | Probe „schlecht" |
|---|---|---|
| darf weiterlaufen; kein Eingriff | Vorgang | darf nicht weiter-laufen; Eingriff; Suche nach der störenden Ursache |
| wird ohne Prüfung verarbeitet oder verkauft | gefertigte Menge | wird gesondert geprüft |

Abb. 1.4.2 Die vorgeschriebene "Qualität der
Uebereinstimmung" wird "erzeugt" .

entnommen und geprüft (beispielsweise um $7^h$, $8^h$, $9^h$, ...) . Die zwischen den
Prüfzeiten erzeugten Mengen 1, 2, 3, ... werden zunächst nicht geprüft. Man
führt also anstatt einer "Vollprüfung" eine "Stichprobenprüfung" durch. Es wird
die Probe Nr. 5 zum Zeitpunkt $t_5$ betrachtet. Die vorausgehende Probe Nr. 4
sei gut gewesen. Die Probe Nr. 5 kann bei der Prüfung "gut" oder "schlecht"
ausfallen. (Maßstäbe dafür, wann eine Probe als gut oder schlecht zu gelten hat,
werden für viele praktische Fragestellungen später hergeleitet.) Abhängig von
der Beschaffenheit der Probe Nr. 5 werden zwei Entscheidungen gefällt, über
den Vorgang (im Zeitpunkt $t_5$ ) und über die Menge 4 (die zwischen $t_4$ und $t_5$
erzeugt wurde).

Ist die Probe "gut", so läßt man den Vorgang weiterlaufen. Es findet kein Ein-
griff statt.  Die (im vorausgehenden Zeitabschnitt) erzeugte Menge wird ohne
Prüfung weiterverarbeitet oder verkauft.

Ist die Probe "schlecht" , so wird der Vorgang angehalten. Man greift ein und
sucht nach der störenden Ursache. Die (im vorausgehenden Abschnitt) erzeugte
Menge wird z. B. gesondert geprüft.

Es findet demnach eine Rückmeldung des Probenergebnisses zur Beurteilung des
Vorgangs und der erzeugten Menge statt. Die "Qualität der Uebereinstimmung"
wird bei diesem Verfahren erzeugt. Wesentlich ist, daß die Rückmeldung der
Ergebnisse "gut" bzw. "schlecht" in beiden Fällen zu geeigneten Maßnahmen
führt. Die Ergebnisse der Stichprobenprüfung werden an der Maschine in Form
einer Kontrollkarte festgehalten. Im folgenden werden zahlreiche Beispiele für
Kontrollkarten eingehend behandelt.

# 2. Kontrollkarten zur Überwachung des Mittelwertes $\mu$ einer Fertigung; $\mu_1$ ist der gegebene Sollwert für $\mu$

## 2.1 Die $\bar{x}$-Karte bei bekannter Standardabweichung; Eingriffsgrenzen

Für das Folgende wird ein meßbares Merkmal x vorausgesetzt. Die Verteilung der Merkmalwerte x sei (näherungsweise) eine Normalverteilung mit dem Mittelwert $M\{x\} = \mu$ und der Varianz $V\{x\} = \sigma^2$ . Der Mittelwert $\mu$ dieser Verteilung soll auf dem vorgeschriebenen Wert $\mu_1$ , dem Sollwert, gehalten werden. Die Standardabweichung $\sigma$ des Vorgangs sei bekannt und fest, $\sigma = \sigma_1$ .

Diese Aufgabe für $\mu$ liegt beispielsweise vor, wenn keine Toleranzgrenzen vorgeschrieben sind, sondern nur eine Vereinbarung über den Mittelwert getroffen worden ist, $\mu = \mu_1$ . Dabei sind drei Fälle von praktischer Bedeutung:

(a)    nur das Auswandern des Mittelwerts nach oben zu $\mu > \mu_1$ ist schädlich und soll verhindert werden ; Test der Hypothese $\mu = \mu_1$ gegen $\mu > \mu_1$ ;

(b)    nur das Auswandern des Mittelwerts nach unten zu $\mu < \mu_1$ ist schädlich und soll verhindert werden ; Test der Hypothese $\mu = \mu_1$ gegen $\mu < \mu_1$ ;

(c)    das Auswandern des Mittelwerts nach beiden Seiten zu $\mu \neq \mu_1$ ist schädlich und soll verhindert werden ; Test der Hypothese $\mu = \mu_1$ gegen $\mu \neq \mu_1$ .

Bei (a) und (b) handelt es sich um eine "einseitige", bei (c) um eine "zweiseitige" Fragestellung.

Wenn Toleranzgrenzen vereinbart werden, so ist

bei (a) einseitig eine obere Toleranzgrenze $T_O$ mit der Forderung $x \leq T_O$ vorgegeben ;

bei (b) hat man einseitig eine untere Toleranzgrenze $T_U$ mit der Forderung $x \geq T_U$ und

bei (c) liegt zweiseitig ein Paar von Toleranzgrenzen $(T_U ; T_O)$ mit der Forderung $T_U \leq x \leq T_O$ vor.

Im folgenden wird zunächst die zweiseitige Fragestellung (c) behandelt. Sie tritt beispielsweise auf, wenn bei gegebenen Toleranzgrenzen $T_U$ und $T_O$ die Standardabweichung $\sigma$ der Fertigung "ausreichend klein" bleibt  –  etwa

$\sigma \lessgtr (T_O - T_U)/8$  –  , so daß die Toleranzgrenzen nicht überschritten werden,

wenn man den Mittelwert $\mu$ der Fertigung auf Toleranzmitte $T_m$ hält,

$$\mu_1 = T_m = (T_O + T_U)/2 \ .$$

Zur Ueberwachung des Mittelwerts $\mu$ benutzt man als Prüfgröße oder Indikator
entweder den arithmetischen Mittelwert $\bar{x}$ oder den Zentralwert $\tilde{x}$ von Proben
der Größe n . Im folgenden wird zunächst $\bar{x}$ gewählt.

Statistisch gesehen testet man mit Hilfe von $\bar{x}$ laufend die Hypothese $\mu = \mu_1$
(der Mittelwert $\mu$ hat den vorgeschriebenen Wert $\mu_1$ ) gegen die Gegenhypothese
$\mu \neq \mu_1$ (der Mittelwert $\mu$ ist nach oben oder unten ausgewandert). Auf Grund
des "beobachteten" Mittelwerts $\bar{x}$ der Probe muß man sich für die eine oder die
andere Hypothese entscheiden. Anschaulich ist klar, daß man sich für $\mu = \mu_1$
entscheiden wird, wenn $\bar{x}$ "nahe" bei $\mu_1$ liegt und für $\mu \neq \mu_1$ , wenn $\bar{x}$ "weit"
von $\mu_1$ entfernt liegt. Dabei stellt man die (bei allen Testverfahren übliche)
Forderung, daß die Hypothese $\mu = \mu_1$ nur mit der kleinen Wahrscheinlichkeit $\alpha$
– der sog. Irrtumswahrscheinlichkeit – verworfen wird, wenn sie gilt.

Man entnimmt der laufenden Fertigung in bestimmten Zeitabständen (z. B. stünd-
lich) eine Probe der Größe n . Mit Hilfe eines Meßgeräts bestimmt man die
n Merkmalwerte $x_1 ; x_2 ; \ldots ; x_\nu ; \ldots ; x_n$ . Aus den Beobachtungen $x_\nu$ berechnet man den arithmetischen Mittelwert der Probe

$$\bar{x} = \sum_{\nu=1}^{n} x_\nu /n \ .$$

Zur Berechnung der Eingriffsgrenzen einer Kontrollkarte braucht man die Verteilung der gewählten Prüfgröße. Die Probenmittelwerte $\bar{x}$ sind (bei wiederholter Probenahme) normal verteilt mit dem Mittelwert

$$M\{\bar{x}\} = \mu$$

und der Varianz

$$V\{\bar{x}\} = \sigma^2/n \ .$$

Wenn die Fertigung im Zeitpunkt der Probenahme mit dem Mittelwert $\mu = \mu_1$
läuft, d. h. wenn die Hypothese $\mu = \mu_1$ gilt, ist $M\{\bar{x}\} = \mu_1$ . Die Mittelwerte $\bar{x}$ aller möglichen Proben der Größe n liegen im Zufallsbereich für $\bar{x}$ ,
den man mit Hilfe der Verteilung von $\bar{x}$ festlegt.

Bei der Abgrenzung solcher Zufallsbereiche hat man im wesentlichen zwei Möglichkeiten, die im Hinblick auf spätere Erörterungen allgemein formuliert werden sollen. Deshalb wird die Prüfgröße für einen Augenblick mit $z$ bezeichnet. Die Prüfgröße $z$ ist i.a. eine Schätzfunktion für das zu überwachende Qualitätsmaß. Ihre Verteilung hat die Dichtefunktion $\psi(z)$, die Summenfunktion $\Psi(z)$, den Mittelwert $M\{z\} = \zeta$, die Varianz $V\{z\}$ und die Standardabweichung $\sigma\{z\}$. Ferner sind $z_\alpha$ bzw. $z_{1-\alpha}$ die Schwellenwerte der Verteilung von $z$, die mit der Wahrscheinlichkeit $\alpha$ bzw. $1-\alpha$ unterschritten werden.

(a)     Man grenzt den Zufallsbereich für $z$ zu vorgegebener statistischer Sicherheit $S = 1-\alpha$ symmetrisch bezüglich der Wahrscheinlichkeit so ab, daß im Innern des Bereichs der Anteil $1-\alpha$, unterhalb der unteren Grenze $z_U$ der Anteil $\alpha/2$ und oberhalb der oberen Grenze $z_O$ ebenfalls der Anteil $\alpha/2$ der z-Verteilung liegt. Dieser Zufallsbereich hat die Gestalt

$$(2.1.1) \qquad z_{\alpha/2} \leqq z \leqq z_{1-(\alpha/2)} \ .$$

Man spricht dann von $(1-\alpha)$-Grenzen für $z$. Die statistische Sicherheit $S = 1-\alpha$ ist innerhalb gewisser Grenzen frei wählbar. Bei Kontrollkarten wählt man (meist) die statistische Sicherheit $S = 1-\alpha = 99\%$ bzw. $\alpha = 1\%$ und kommt damit zu 99%-Grenzen für $z$. Nur bei einer symmetrischen Verteilung von $z$ liegen die Grenzen $z_{\alpha/2}$ und $z_{1-(\alpha/2)}$ auch symmetrisch zum Mittelwert $M\{z\} = \zeta$.

(b)     Man grenzt den Zufallsbereich für $z$ symmetrisch zum Mittelwert $M\{z\} = \zeta$ der Prüfgröße ab, indem man von $\zeta$ aus die k-fache Standardabweichung $k\sigma\{z\}$ nach unten und oben abträgt. Dieser Zufallsbereich hat die Gestalt

$$(2.1.2) \qquad \zeta - k\sigma\{z\} \leqq z \leqq \zeta + k\sigma\{z\} \ .$$

Man spricht dann von $k\sigma\{z\}$-Grenzen für $z$. Der Faktor $k$ ist innerhalb gewisser Grenzen frei wählbar. Bei Kontrollkarten wählt man (meist) den Faktor $k = 3$ und kommt zu $3\sigma\{z\}$-Grenzen für $z$. Nur bei einer symmetrischen Verteilung von $z$ sind die Wahrscheinlichkeiten $\beta'$ für das Unterschreiten der unteren Grenze und $\beta''$ für das Ueberschreiten der oberen Grenze einander gleich. Allgemein wird eine obere Grenze mit $z_O$, eine untere mit $z_U$ bezeichnet; aus dem Zusammenhang ist jedesmal ersichtlich, ob $z_O \equiv z_{1-(\alpha/2)}$ oder $z_O \equiv \zeta + k\sigma\{z\}$ gemeint ist. — Soweit die allgemeine Betrachtung.

Im vorliegenden Fall ist $z \equiv \bar{x}$. Infolgedessen hat der Zufallsbereich für $\bar{x}$ zur Wahrscheinlichkeit $1-\alpha$ wegen $u_{\alpha/2} = -u_{1-(\alpha/2)}$ für vorgegebenes $\sigma = \sigma_1$ bei zweiseitiger Abgrenzung die Gestalt

$$(2.1.3) \qquad \mu_1 - u_{1-(\alpha/2)}\, (\sigma_1/\sqrt{n}) \leq \bar{x} \leq \mu_1 + u_{1-(\alpha/2)}\, (\sigma_1/\sqrt{n}) \; .$$

Zu $S = 1-\alpha = 99\%$ gehört der Schwellenwert $u_{1-(\alpha/2)} = u_{99,5\%} = 2,58$ . Die zweite Form des Zufallsbereichs (mit $3\,\sigma$ -Grenzen für $\bar{x}$ ) ist

$$(2.1.4) \qquad \mu_1 - 3\,(\sigma_1/\sqrt{n}) \leq \bar{x} \leq \mu_1 + 3\,(\sigma_1/\sqrt{n}) \; .$$

Dem Faktor $k \equiv u = 3$ ist die statistische Sicherheit $S = 1-\beta = 99,7\%$ zugeordnet.

Die beiden Grenzen für $\bar{x}$ , die obere Eingriffsgrenze

$$(2.1.5) \qquad \bar{x}_O \equiv \bar{x}_{1-(\alpha/2)} = \mu_1 + u_{1-(\alpha/2)}\, (\sigma_1/\sqrt{n}) \quad \text{bzw.} \quad \bar{x}_O = \mu_1 + 3\,(\sigma_1/\sqrt{n})$$

und die untere Eingriffsgrenze

$$(2.1.6) \qquad \bar{x}_U \equiv \bar{x}_{\alpha/2} = \mu_1 - u_{1-(\alpha/2)}\, (\sigma_1/\sqrt{n}) \qquad \text{bzw.} \quad \bar{x}_U = \mu_1 - 3\,(\sigma_1/\sqrt{n})$$

trägt man nach Abb. 2.1.1 auf der senkrechten Achse der Kontrollkarte ein. Auf der waagerechten Achse wird die Zeit der Probenahme (bzw. die laufende Nr. i der Probe) eingetragen. Für die Karte der Abb. 2.1.1 ist zahlenmäßig $\mu_1 = 50$ ; $\sigma_1 = 10$ ; $n = 5$ und $u_{1-(\alpha/2)} = 2,58$ . Damit liegen die Eingriffsgrenzen

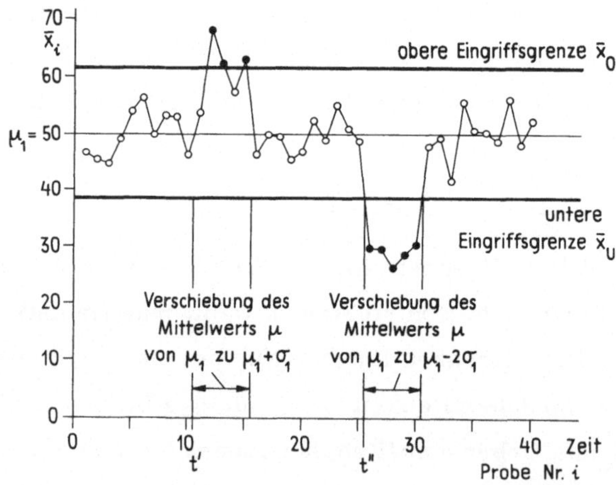


Abb. 2.1.1 Kontrollkarte für Mittelwerte ; $\bar{x}$-Karte . Sollwert $\mu_1 = 50$ ; Standardabweichung $\sigma_1 = 10$ ; Probengröße $n = 5$ ; statistische Sicherheit $S = 99\%$ mit $u_{99,5\%} = 2,58$ .

für den zu überwachenden Mittelwert $\mu_1 = 50$ bei

$$\bar{x}_U = 38,5 \qquad \text{und} \qquad \bar{x}_O = 61,5 \ .$$

Man trägt die "beobachteten" Mittelwerte $\bar{x}_i$ laufend in diese Karte ein und entscheidet nach der folgenden Regel:

Wenn der jeweilige Mittelwert $\bar{x}$ im "Zufallsstreifen" $\bar{x}_U \leq \bar{x} \leq \bar{x}_O$ der Gleichung (2.1.3) liegt (offene Punkte in Abb. 2.1.1 ), so gilt das beobachtete $\bar{x}$ als verträglich mit der Hypothese $\mu = \mu_1$ . Man entscheidet sich deshalb für die Hypothese $\mu = \mu_1$ (der Mittelwert $\mu$ liegt richtig bei $\mu_1$). Diese Entscheidung für die Hypothese $\mu = \mu_1$ bedeutet nicht, daß tatsächlich $\mu = \mu_1$ gilt, sondern nur, daß das Probenergebnis nicht im Widerspruch zu $\mu = \mu_1$ steht. Infolgedessen greift man nicht in den Herstellungsvorgang ein, sondern läßt ihn weiterlaufen.

Wenn der jeweilige Mittelwert $\bar{x}$ jedoch außerhalb des genannten Zufallsstreifens liegt (volle Punkte in Abb. 2.1.1 ), so gelten $\bar{x}$ und $\mu = \mu_1$ nicht mehr als verträglich miteinander. Man verwirft in dem Falle die Hypothese $\mu = \mu_1$ und entscheidet sich für die Gegenhypothese $\mu \neq \mu_1$ (der Mittelwert $\mu$ liegt nicht bei $\mu_1$) . Man läßt den Vorgang deshalb nicht weiterlaufen, sondern greift ein und sucht nach der Ursache der Mittelwertverschiebung nach unten, wenn $\bar{x} < \bar{x}_U$ ist, bzw. nach oben, wenn $\bar{x} > \bar{x}_O$ ist.

In Abb. 2.1.1 wurde ein Fertigungsprozeß simuliert, bei dem der Mittelwert des Vorgangs für jeweils 5 aufeinanderfolgende Proben
im Zeitpunkt t' vom Sollwert $\mu_1$ nach oben zu $\mu_1 + \sigma_1$ und
im Zeitpunkt t'' vom Sollwert $\mu_1$ nach unten zu $\mu_1 - 2\,\sigma_1$
verlegt wurde, während er in allen übrigen Zeitpunkten beim Sollwert $\mu_1$ lag.
Ersichtlich wird die Verschiebung bei t' nach oben um $\sigma_1$ von der $\bar{x}$-Karte mit n = 5 nicht in allen Fällen aufgedeckt, da nicht alle fünf Mittelwerte $\bar{x}$ über $\bar{x}_O$ liegen, sondern nur drei. Dagegen wird die Verschiebung bei t'' nach unten um $2\,\sigma_1$ in allen Fällen aufgedeckt, da alle fünf Mittelwerte $\bar{x}$ unter $\bar{x}_U$ liegen. Damit kommt man zu dem Begriff der Wirksamkeit einer $\bar{x}$-Karte bzw. zu ihrer Wirkungskennlinie, die später hergeleitet wird.

Nach der Darlegung der zweiseitigen Fragestellung (c) werden im folgenden die eingangs erwähnten einseitigen Fragestellungen (a) bzw. (b) kurz erörtert.

(a)    Wenn das Auswandern des Mittelwerts nach oben verhindert werden soll, so lautet die zu $\mu = \mu_1$ maßgebende Gegenhypothese $\mu > \mu_1$ . Die untere

Eingriffsgrenze $\bar{x}_U$ in Abb. 2.1.1 entfällt dann ; die obere liegt bei

$$(2.1.7) \quad \bar{x}'_O = \mu_1 + u_{1-\alpha}(\sigma_1/\sqrt{n}) \ ,$$

wenn man die statistische Sicherheit $S = 1-\alpha$ beibehält. Der statistischen Sicherheit $S = 1-\alpha = 99\%$ ist der Schwellenwert $u_{1-\alpha} = u_{99\%} = 2,326$ zugeordnet.

(b)     Wenn das Auswandern des Mittelwerts nach unten verhindert werden soll, so lautet die zu $\mu = \mu_1$ maßgebende Gegenhypothese $\mu < \mu_1$ . Die obere Eingriffsgrenze $\bar{x}_O$ in Abb. 2.1.1 entfällt dann ; die untere liegt bei

$$(2.1.8) \quad \bar{x}'_U = \mu_1 - u_{1-\alpha}(\sigma_1/\sqrt{n}) \ ,$$

wenn man die statistische Sicherheit $S = 1-\alpha$ beibehält.

Die Kontrollkarten mit nur einer Eingriffsgrenze $\bar{x}'_O$ bzw. $\bar{x}'_U$ werden sinngemäß ebenso gehandhabt, wie die Kontrollkarte mit zwei Grenzen $\bar{x}_U$ und $\bar{x}_O$ . Liegt bei (a) der beobachtete Mittelwert $\bar{x}$ über $\bar{x}'_O$ , so verwirft man die Hypothese $\mu = \mu_1$ und entscheidet sich für die Gegenhypothese $\mu > \mu_1$ ; der Mittelwert des Vorgangs ist nach oben gewandert. Liegt bei (b) der beobachtete Mittelwert $\bar{x}$ unter $\bar{x}'_U$ , so verwirft man die Hypothese $\mu = \mu_1$ und entscheidet sich für die Gegenhypothese $\mu < \mu_1$ ; der Mittelwert des Vorgangs ist nach unten gewandert.

Hat man sich für $3\,\sigma\left\{\bar{x}\right\}$ -Grenzen entschieden, so läßt man bei einseitigen Fragestellungen einfach die nicht gebrauchte Grenze der Kontrollkarte weg.


## 2.2 Die Wirkungskennlinie der $\bar{x}$-Karte bei bekannter Standardabweichung: einseitige Abgrenzung nach oben

Wie bei allen statistischen Testverfahren muß man auch beim Arbeiten mit einer Kontrollkarte den "Fehler erster Art" und den "Fehler zweiter Art" in Kauf nehmen. Der Fehler oder besser die Fehlentscheidung erster Art: Man sucht auf Grund eines außerhalb der Eingriffsgrenzen beobachteten Mittelwerts $\bar{x}$ der Probe nach der Ursache einer Mittelwertverschiebung, obwohl $\mu = \mu_1$ ist. Der Fehler oder die "Fehlentscheidung zweiter Art": Man sucht auf Grund eines innerhalb der Eingriffsgrenzen beobachteten Mittelwerts $\bar{x}$ der Probe nicht nach der Ursache einer Mittelwertverschiebung, obwohl $\mu \neq \mu_1$ ist.

Im ersten Falle entscheidet man sich nicht für die Hypothese $\mu = \mu_1$ , obwohl sie gilt. Im zweiten Falle entscheidet man sich für die Hypothese $\mu = \mu_1$ , obwohl sie nicht gilt.

Die Wahrscheinlichkeit für die Fehlentscheidung erster Art hat den Wert $1-S = \alpha$ ,
wenn man den Schwellenwert des Tests (die Eingriffsgrenze) zur statistischen
Sicherheit $S = 1-\alpha$ berechnet. Die Wahrscheinlichkeit für die Fehlentscheidung
zweiter Art läßt sich mit Hilfe der Operations-Charakteristik bestimmen, die
der Karte bzw. dem Test zugeordnet ist. Diese Operations-Charakteristik oder
Wirkungskennlinie wird im folgenden bestimmt, wobei einseitige und zweiseitige
Fragestellungen getrennt behandelt werden. Mit anderen Worten: Man sucht nach
einem Kriterium für die Leistungsfähigkeit der Karte, Verschiebungen des Mittelwerts $\mu$ aufzudecken. Auf Grund anschaulicher Ueberlegungen wird man vermuten, daß die Karte "kleine" Aenderungen $(\mu - \mu_1)$ nur "schwer" (d. h. mit geringer Wahrscheinlichkeit), "große" Aenderungen $(\mu - \mu_1)$ jedoch "leicht" (d. h.
mit hoher Wahrscheinlichkeit) erkennt.

Zunächst wird der einseitige Fall betrachtet, bei dem nur eine obere Eingriffs-
grenze $\bar{x}'_O = \bar{x}_{1-\alpha}$ gegeben ist. Ferner wird die Standardabweichung $\sigma = \sigma_1$ der
Fertigung als bekannt vorausgesetzt. In Abb. 2.2.1 liegt bei Entnahme der Probe
Nr. i der Mittelwert der Fertigung bei $\mu = \mu_1$ . Die zugehörige Verteilung der

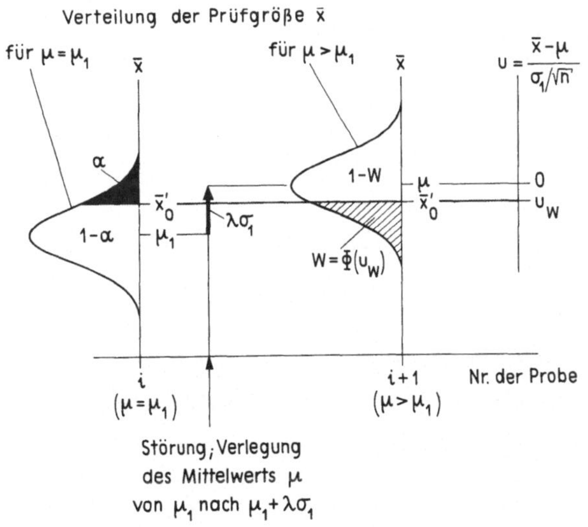


Abb. 2.2.1 Zur Ermittlung der Wirkungskennlinie für
eine x̄-Karte bei einseitiger Abgrenzung nach oben.

Prüfgröße $\bar{x}$ hat demnach den Mittelwert $M\{\bar{x}\} = \mu_1$ (und die Varianz
$V\{\bar{x}\} = \sigma_1^2/n$ ). Der Anteil $(1-\alpha)$ aller möglichen $\bar{x}$-Werte liegt unterhalb der
Eingriffsgrenze $\bar{x}'_O$ ,

$$(2.2.1) \quad \bar{x}'_O = \mu_1 + u_{1-\alpha}(\sigma_1/\sqrt{n}) \ .$$

Der Anteil $1-S = \alpha$ liegt darüber; $\alpha$ ist die Wahrscheinlichkeit für eine Fehlentscheidung erster Art.

Vor der Entnahme der Probe Nr. $(i+1)$ verlagert sich der Mittelwert infolge einer Störung der Fertigung von $\mu_1$ nach $\mu > \mu_1$. Es erweist sich als zweckmäßig, die Vergrößerung $(\mu - \mu_1)$ des Mittelwerts als Vielfaches der Standardabweichung $\sigma_1$ der Fertigung anzusetzen, $\mu - \mu_1 = \lambda\, \sigma_1$. Dann ist der neue Mittelwert

$$(2.2.2) \qquad \mu = \mu_1 + \lambda\, \sigma_1 \ .$$

Die Verteilung der Prüfgröße $\bar{x}$ wandert mit und hat in der gestörten Lage den Mittelwert bei $\mu$. Die Verschiebung $\lambda\, \sigma_1$ wird nicht entdeckt, wenn der beobachtete Mittelwert $\bar{x}$ die Eingriffsgrenze $\bar{x}'_O$ nicht übersteigt. Die Wahrscheinlichkeit $W$ für dieses Ereignis ist durch den Anteil der $\bar{x}$-Verteilung unterhalb $\bar{x}'_O$ gegeben. Man findet $W$, indem man $\bar{x}$ mit Hilfe von $M\{\bar{x}\} = \mu$ und $\sigma\{\bar{x}\} = \sigma_1/\sqrt{n}$ standardisiert zu

$$(2.2.3) \qquad u = \frac{\bar{x} - \mu}{\sigma_1/\sqrt{n}} \ .$$

Der Eingriffsgrenze $\bar{x}'_O$ ist der standardisierte Wert

$$(2.2.4) \qquad u_W = \frac{\bar{x}'_O - \mu}{\sigma_1/\sqrt{n}}$$

zugeordnet. Wie man aus Abb. 2.2.1 erkennt, ist $W$ gleich dem schraffierten Anteil einer Normalverteilung an der Stelle $u_W$,

$$(2.2.5) \qquad W = \Phi(u_W) \ ,$$

wobei $\Phi(u)$ die Summenfunktion der standardisierten Normalverteilung darstellt. Man entscheidet sich demnach im Falle $\mu > \mu_1$ fälschlicherweise (!) mit der Wahrscheinlichkeit $W$ für die falsche Hypothese $\mu = \mu_1$.

Setzt man $\bar{x}'_O$ aus (2.2.1) und $\mu$ aus (2.2.2) in (2.2.4) ein, so fallen $\mu_1$ und $\sigma_1$ heraus; es bleibt

$$(2.2.6) \qquad u_W = u_{1-\alpha} - \lambda\sqrt{n} \ .$$

Bei fest gewählten Werten für die Irrtumswahrscheinlichkeit $\alpha$ und die Probengröße $n$ hängt $u_W$ und damit auch $W$ nur vom Verhältnis

$$(2.2.7) \qquad \lambda = (\mu - \mu_1)/\sigma_1$$

ab. $\lambda$ stellt die dimensionslose, auf die Standardabweichung $\sigma_1$ der Fertigung bezogene Mittelwertvergrößerung dar. Damit wird aus (2.2.5)

$$(2.2.8) \quad W = W(\lambda \,|\, n \,;\, \alpha) = \Phi(u_{1-\alpha} - \lambda \sqrt{n}) \;;\quad \lambda \geq 0 \;.$$

Für $\lambda = 0$ ist $W(0) = \Phi(u_{1-\alpha}) = 1-\alpha$ , wie es sein muß. Die Funktion $W = W(\lambda)$ gibt die Annahmewahrscheinlichkeit der Hypothese $\mu = \mu_1$ in Abhängigkeit von $\lambda$. Für $\lambda = 0$ oder $\mu = \mu_1$ wird wegen $W(0) = 1-\alpha$ die richtige Entscheidung mit der Wahrscheinlichkeit $S = 1-\alpha$ getroffen. Für $\lambda > 0$ oder $\mu > \mu_1$ ist es falsch, sich für die Hypothese $\mu = \mu_1$ zu entscheiden. Das geschieht aber mit der Wahrscheinlichkeit $W(\lambda)$ . Mit anderen Worten: Für $\lambda > 0$ ist $W(\lambda)$ die Wahrscheinlichkeit, daß man die Mittelwertverschiebung von $\mu_1$ nach $\mu > \mu_1$ mit Hilfe der $\bar{x}$-Karte (bei der ersten Probe nach der Störung) nicht erkennt. $1-W(\lambda)$ ist demnach die Wahrscheinlichkeit, daß man die Mittelwertverschiebung von $\mu_1$ nach $\mu$ (bei der ersten Probe nach der Störung) erkennt.

Berechnung einer Kennlinie $W(\lambda \,|\, n \,;\, \alpha)$ :

Es sei $\alpha = 1\%$ mit $u_{1-\alpha} = u_{99\%} = 2,326$ und (zunächst) $n = 5$ . Dann findet man zu vorgegebenen Werten von $\lambda$ die Werte der Zahlentafel 2.2.1 .Das Ergebnis

| Zahlentafel 2.2.1 | | |
| :---: | :---: | :---: |
| zur Berechnung der Wirkungskennlinie einer Kontrollkarte | | |
| | Gl. (2.2.6) | Gl. (2.2.5) |
| $\lambda = (\mu-\mu_1)/\sigma_1$ | $u_W = 2,326 - \lambda \sqrt{5}$ | $\Phi(u_W) \quad [\%]$ |
| $-0,4$ | $3,220$ | $99,9$ |
| $-0,2$ | $2,773$ | $99,7$ |
| $0$ | $2,326$ | $99,0$ |
| $0,2$ | $1,879$ | $97,0$ |
| $0,4$ | $1,432$ | $92,4$ |
| $0,6$ | $0,984$ | $83,7$ |
| $0,8$ | $0,537$ | $70,4$ |
| $1,0$ | $0,090$ | $53,6$ |
| $1,2$ | $-0,357$ | $36,0$ |
| $1,4$ | $-0,804$ | $21,1$ |
| $1,6$ | $-1,252$ | $10,6$ |
| $1,8$ | $-1,699$ | $4,5$ |
| $2,0$ | $-2,146$ | $1,6$ |

der Rechnung ist in Abb. 2.2.2 dargestellt. Beispielsweise wird eine Vergrößerung des Mittelwerts von $\mu_1$ zu $\mu = \mu_1 + \sigma_1$ (also um eine Standardabweichung der Fertigung) von der ersten nach der Vergrößerung gezogenen Probe

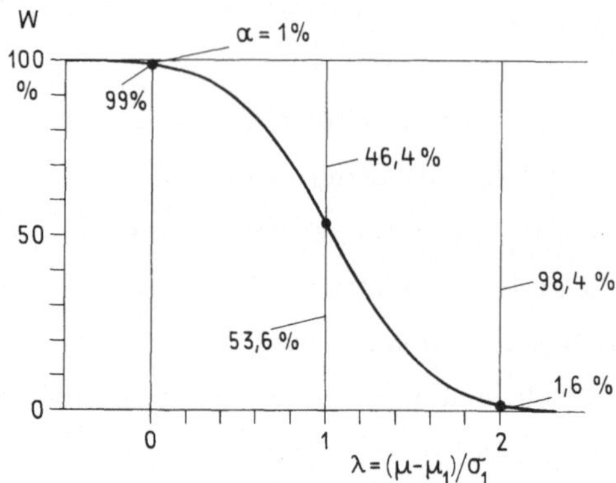


Abb. 2.2.2  Die Wirkungskennlinie  $W(\lambda|n\,;\alpha)$  einer $\bar{x}$-Karte
für  $\alpha = 1\%$  und  n = 5  in Abhängigkeit von der dimensionslosen
Mittelwertverschiebung  $\lambda = (\mu-\mu_1)/\sigma_1$  bei einseitiger Abgrenzung.

mit der Wahrscheinlichkeit  W = 53,6% $\approx 1/2$  nicht erkannt und mit der Wahrscheinlichkeit  1-W = 46,4% $\approx 1/2$  erkannt. Wenn man aus fertigungstechnischen
Gründen die Vergrößerung des Mittelwerts um den Betrag  $\sigma_1$  verhindern muß,
so reicht die Wirksamkeit einer $\bar{x}$-Karte  mit  n = 5  dazu keinesfalls aus. Die
Wahrscheinlichkeit, die Störung von  $\mu_1$  zu  $\mu = \mu_1 + \sigma_1$  nicht zu erkennen, ist
mit  $W \approx 1/2$  viel zu groß. Dagegen gilt für  $\mu = \mu_1 + 2\sigma_1$  oder  $\lambda = 2$  nach
Abb. 2.2.2  W = 1,6%  und  1-W = 98,4% . Die Vergrößerung des Mittelwerts um
$2\sigma_1$  wird also schon mit einer Probe der Größe n = 5  "fast sicher" angezeigt.

Die Wirksamkeit der Karte läßt sich mit wachsender Probengröße  n  erheblich
verbessern. Das geht aus Abb. 2.2.3  hervor. Hier ist die Schar  $W(\lambda|n\,;\alpha=1\%)$
der Kennlinien in Abhängigkeit von  $\lambda$  für verschiedene Werte der Probengröße n
dargestellt. Abb. 2.2.4  zeigt die entsprechende Kurvenschar, wenn man
$3\sigma\{\bar{x}\}$ -Grenzen (mit zugehörigem  $\alpha = 1,4‰$  wegen  $u_{1-0,0014} = 3$) für die
Prüfgröße $\bar{x}$ benutzt. Für die praktische Verwendung sind die Unterschiede zwischen Abb. 2.2.3 und  2.2.4  nicht von Belang.

Will man eine vorgegebene Verschiebung  $\mu - \mu_1 = \lambda\sigma_1$  bei der ersten Probe $\bar{x}$
mit der vorgegebenen Wahrscheinlichkeit  1-W = 1-ß  erkennen, so muß gelten
W = ß  und nach  (2.2.5)

$$W = \Phi(u_W) = ß = \Phi(u_ß) \qquad \text{oder} \qquad u_W = u_ß = -u_{1-ß} \; .$$

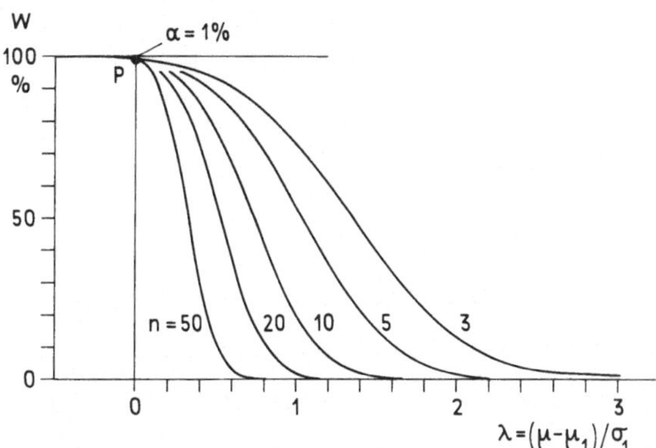

Abb. 2.2.3  Die Schar der Wirkungskennlinien  $W(\lambda|n\;;\;\alpha=1\%)$  einer $\bar{x}$-Karte  in Abhängigkeit von der dimensionslosen Mittelwertverschiebung  $\lambda = (\mu-\mu_1)/\sigma_1$  und der Probengröße  n  bei einseitiger Abgrenzung.

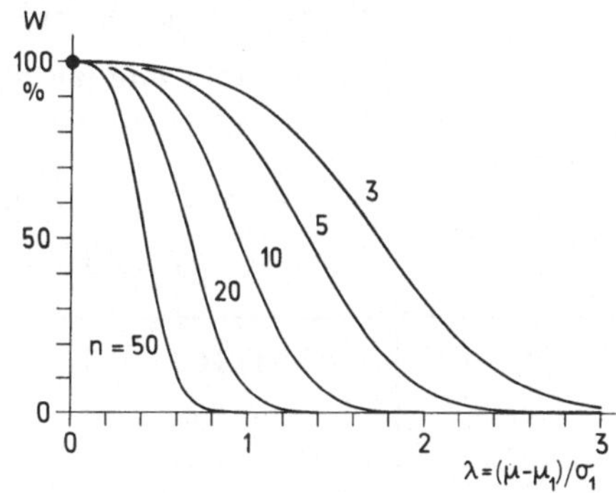

Abb. 2.2.4  Die Schar der Wirkungskennlinien  $W(\lambda|n\;;\;\alpha)$  einer $\bar{x}$-Karte  in Abhängigkeit von der dimensionslosen Mittelwertverschiebung  $\lambda = (\mu-\mu_1)/\sigma_1$  und der Probengröße  n  bei einseitiger Abgrenzung,  jedoch mit  $3\,\sigma\{\bar{x}\}$-Grenzen  für die Prüfgröße  $\bar{x}$ ; $(\alpha = 1,4\%o)$ .

Aus  (2.2.6)  findet man die dazu notwendige Probengröße  n  zu

$$(2.2.9) \qquad n = \left(\frac{u_{1-\alpha} + u_{1-\beta}}{\lambda}\right)^2 \qquad .$$

Die erforderliche Probe  n  ist um so größer,  je kleiner die Irrtumswahrscheinlichkeiten  $\alpha$  (für eine Fehlentscheidung erster Art) und  ß  (für eine Fehlentscheidung zweiter Art) gewählt werden.  Im übrigen wächst  n  mit  $(1/\lambda)^2$ ,  d. h. das Erkennen der halben Vergrößerung  $\lambda' = \lambda/2$  erfordert die vierfache Probe  $n' = 4n$ ,  wie man aus  $n'/n = (\lambda/\lambda')^2$  leicht erkennt.

Für $\alpha = 1\%$ mit $u_{1-\alpha} = 2,326$ und $ß = 10\%$ mit $u_{1-ß} = 1,282$ gilt beispielsweise nach (2.2.9)

$$(2.2.10) \quad n = n(\lambda) = \left(\frac{3,61}{\lambda}\right)^2 .$$

Für $\lambda = 1$ oder $\mu = \mu_1 + \sigma_1$ ist $n(1) = 13$ . Für $\lambda = 1/2$ müßte man bereits Proben der Größe $n(1/2) = 52$ einsetzen, wenn eine Vergrößerung des Mittelwerts $\mu_1$ um $\sigma_1/2$ bei der ersten Probe nach der Störung mit der Wahrscheinlichkeit $90\%$ angezeigt werden soll. Wenn die Karte auf "kleine" Veränderungen des Mittelwerts ansprechen soll, muß man "große" Proben zur Entscheidung heranziehen.

Begnügt man sich bei der Fehlentscheidung zweiter Art mit der Irrtumswahrscheinlichkeit $ß = 1/10 = 10\%$ und betrachtet die Ergebnisse $\bar{x}_{i+1}$ und $\bar{x}_{i+2}$ von zwei unabhängigen aufeinanderfolgenden Proben nach der Störung, so gelten die Wahrscheinlichkeiten der folgenden Uebersicht (ja $\equiv$ die Störung wird von der Karte angezeigt; nein $\equiv$ die Störung wird nicht angezeigt).

| die erste Probe $\bar{x}_{i+1}$ sagt<br>die zweite Probe $\bar{x}_{i+2}$ sagt | ja mit<br>$1-ß = 9/10$ | nein mit<br>$ß = 1/10$ |
|---|---|---|
| ja mit $1-ß = 9/10$ | $81/100$ | $9/100$ |
| nein mit $ß = 1/10$ | $9/100$ | $1/100$ |

Die Wahrscheinlichkeit, daß beide Proben "nein" sagen, d.h. die Vergrößerung von $\mu_1$ zu $\mu = \mu_1 + \lambda\sigma_1$ nicht aufdecken, ist $ß^2 = 1/100 = 0,01$ , wenn die Proben unabhängig voneinander sind. Spätestens die zweite Probe nach der Störung wird die Verschiebung um $\lambda\sigma_1$ demnach "fast sicher" anzeigen.

Nach Gleichung (2.2.8) ist die Annahmewahrscheinlichkeit $W$ der Hypothese $\mu = \mu_1$ durch den Wert $\Phi$ der Summenfunktion (der standardisierten Normalverteilung) an der Stelle $u_W = u_{1-\alpha} - \lambda\sqrt{n}$ gegeben. Es ist deshalb zweckmäßig, die Kennlinie $W(\lambda)$ im Wahrscheinlichkeitsnetz darzustellen. In diesem Netz hat man nach Abb. 2.2.5 waagerecht eine gleichförmige Teilung für die Verschiebung $\lambda$ und senkrecht neben einer gleichförmigen Teilung für $u_W$ die bekannte (ungleichförmige) Funktionsteilung für die Wahrscheinlichkeit $W = \Phi(u_W)$. Da der Zusammenhang zwischen $\lambda$ und $u_W$ nach (2.2.6) linear ist,

$$(2.2.11) \quad u_W = u_{1-\alpha} - \lambda\sqrt{n} ,$$

so werden alle Kennlinien  $W = W(\lambda|n\;;\;\alpha)$  im  $(\lambda\;;\;u_W)$-Netz  der  Abb. 2.2.5
gerade Linien mit dem "Anstieg" $\sqrt{n}$  (nach links) .

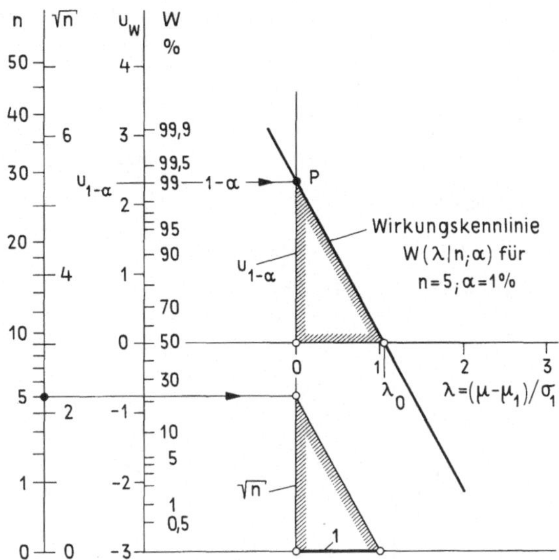


Abb. 2.2.5  Die Wirkungskennlinie  $W(\lambda|n\;;\;\alpha)$  aus  Abb. 2.2.2
wird im Wahrscheinlichkeitsnetz eine Gerade durch den Punkt
$P(0\;;\;1-\alpha)$  mit dem "Anstieg" $\sqrt{n}$ .

Neben der senkrechten  $u_W$-Teilung  hat das Netz in  Abb. 2.2.5  noch eine gleich-
förmige Teilung für $\sqrt{n}$ , deren Einheit mit der Einheit für  $u_W = 1$  übereinstimmt,
und eine Funktionsteilung für die Probengröße  n . Die einem gegebenen Werte-
paar  $(n\;;\;\alpha)$  zugeordnete Kennlinie  $W(\lambda|n\;;\;\alpha)$  findet man in dem beschriebenen
Netz ohne jede Rechnung auf folgende Weise: Für  $\lambda = 0$  ist  $u_W = u_{1-\alpha}$  und
$W = 1-\alpha$ . Infolgedessen ist  $P(0\;;\;1-\alpha)$  ein Punkt der gesuchten Kennlinie. Da ihr
"Anstieg" gleich $\sqrt{n}$  ist, zeichnet man am unteren Rand des Netzes das (schraf-
fierte) "Steigungsdreieck" mit der Grundlinie  1  und der Höhe $\sqrt{n}$  . Zur Hypo-
thenuse dieses Dreiecks zeichnet man die Parallele durch  P . Damit hat man die
Kennlinie  $W(\lambda|n\;;\;\alpha)$  gefunden.

Daß die Konstruktion richtig ist,  sieht man sofort, wenn man den Schnittpunkt  $\lambda_0$
der so konstruierten Geraden  $W(\lambda|n\;;\;\alpha)$  mit der Waagerechten  $u_W = 0$  bestimmt.
Nach Konstruktion gilt in den schraffierten ähnlichen Dreiecken

$$(2.2.12)\qquad \frac{\lambda_0}{u_{1-\alpha}} = \frac{1}{\sqrt{n}} \qquad \text{oder} \qquad \lambda_0 = \frac{u_{1-\alpha}}{\sqrt{n}} \ .$$

Zu dem gleichen Ausdruck gelangt man, wenn man Gleichung (2.2.11) für $u_W = 0$ nach $\lambda = \lambda_0$ auflöst. In Abb. 2.2.5 wurde die Zeichnung für das Zahlenbeispiel $1-\alpha = 99\%$ und $n = 5$ ausgeführt. Wie man sich leicht überzeugt, liefert die Gerade $W(\lambda|5 ; 1\%)$ der Abb. 2.2.5 die gleichen Zahlenwerte für die Annahmewahrscheinlichkeiten wie die Kurve der Abb. 2.2.2 .

In Abb. 2.2.6 ist schließlich die Schar der Kennlinien $W(\lambda|n ; \alpha)$ für $\alpha = 1\%$ und verschiedene Probengrößen $n$ aus Abb. 2.2.3 dargestellt. Es wird eine Geradenschar durch den festen Punkt $P(\lambda=0 ; W = 1-\alpha = 99\%)$ . Da man beim praktischen Gebrauch des Netzes die gleichförmigen Teilungen für $u_W$ und $\sqrt{n}$ nicht benötigt, wurden sie in Abb. 2.2.6 weggelassen.

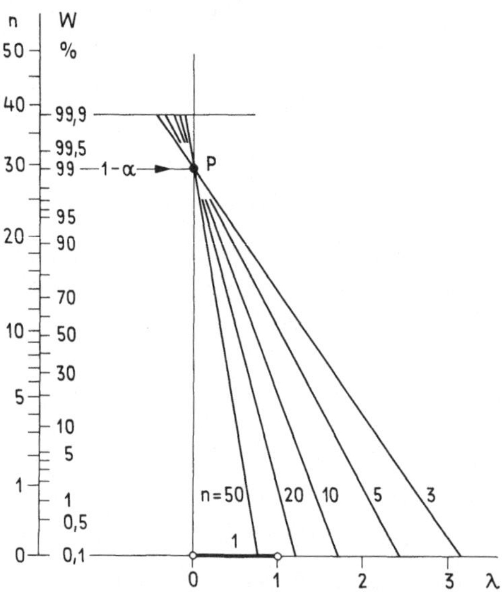


Abb. 2.2.6 Die Schar der Wirkungskennlinien $W(\lambda|n ; \alpha)$ der Abb. 2.2.3 wird im Wahrscheinlichkeitsnetz eine Geradenschar durch den festen Punkt $P(0 ; 1-\alpha)$ .

Die Ueberlegung, wie man im Wahrscheinlichkeitsnetz der Abb. 2.2.6 zu gegebenen Wertepaaren $(\lambda = \lambda_1 = 0 ; W_1 = 1-\alpha)$ und $(\lambda = \lambda_2 ; W_2 = \beta)$ die erforderliche Probengröße $n$ auf zeichnerischem Wege findet, ist in Abb. 2.2.7 für den Fall angedeutet, daß man die Vergrößerung von $\mu_1$ zu $\mu_1 + \sigma$ , d.h. für $\lambda = 1$ , (bei der ersten Probe nach der Störung) mit der Wahrscheinlichkeit $1-\beta = 90\%$ aufdecken will. Man findet zu $P_1(\lambda_1 = 0 ; W_1 = 99\%)$ und $P_2(\lambda_2 = 1 ; W_2 = 10\%)$ mit Hilfe des "Steigungsdreiecks" am unteren Rand die Probengröße $n = 13$ , die selbstverständlich mit dem bereits aus Gleichung

(2.2.10) berechneten Wert übereinstimmt .

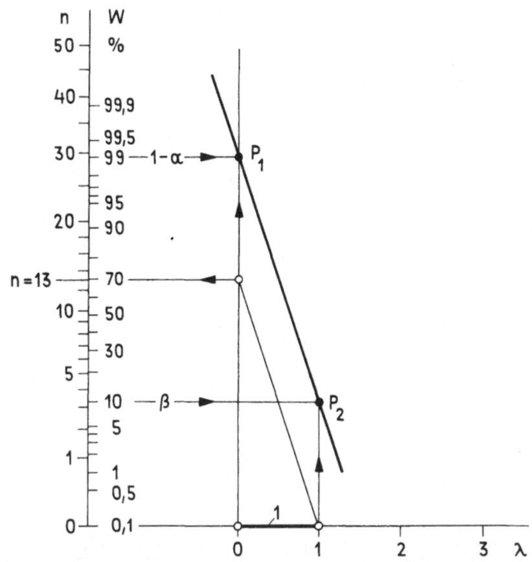

Abb. 2.2.7  Die Ermittlung der Probengröße n  für eine $\bar{x}$-Karte, wenn die Verschiebung des Mittelwerts $\mu$ von $\mu_1$ zu $\mu_1 + \sigma_1$ mit der Wahrscheinlichkeit  1–W = 1–ß = 90%  aufgedeckt werden soll.


## 2.3  Die Wirkungskennlinie der $\bar{x}$-Karte bei bekannter Standardabweichung: einseitige Abgrenzung nach unten

Wenn man (im Gegensatz zu bisher) verhindern will, daß der Mittelwert $\mu_1$ nach unten zu kleineren Werten $\mu < \mu_1$ wandert, dann legt man nach Gleichung (2.1.8) einseitig die untere Eingriffsgrenze $\bar{x}'_U$ an die Stelle

$$(2.3.1) \quad \bar{x}'_U = \mu_1 - u_{1-\alpha}\,(\sigma_1/\sqrt{n}) = \mu_1 + u_\alpha\,(\sigma_1/\sqrt{n}) \ .$$

Alle Ueberlegungen zur Berechnung der Wirksamkeit der $\bar{x}$-Karte bleiben (nahezu) ungeändert. Man braucht nur die Darstellung in Abb. 2.2.1 an der Waagerechten $\mu = \mu_1$ zu spiegeln. (Es sei dem Leser überlassen, die entsprechende Zeichnung anzufertigen.) Dann geht die obere Grenze $\bar{x}'_O$ in die untere Grenze $\bar{x}'_U$ und der nach oben verlagerte Mittelwert $\mu = \mu_1 + \lambda\,\sigma_1$ in den nach unten verlagerten Mittelwert $\mu = \mu_1 - \lambda\,\sigma_1$ über. Die dimensionslose Verschiebung nach oben $(\mu-\mu_1)/\sigma_1 = \lambda$ wird zur Verschiebung nach unten $(\mu-\mu_1)/\sigma_1 = -\lambda$ . Rein formal hat man in den Gleichungen des Abschnitts 2.2 die Größen $\bar{x}'_O$ ;

$\lambda$ ; $u_{1-\alpha}$ ; W und $u_W$ der Reihe nach durch $\bar{x}'_U$ ; $-\lambda$ ; $u_\alpha$ ; 1-W und $u_{1-W}$ zu ersetzen. Man überzeugt sich leicht, daß die grundlegende Beziehung (2.2.8) dabei ungeändert bleibt. Auch jetzt muß die Annahmewahrscheinlichkeit der Hypothese $\mu = \mu_1$ aus der Gleichung

$$(2.3.2) \qquad W(\lambda\,|\,n\,;\,\alpha) \;=\; \Phi(u_{1-\alpha} - \lambda\sqrt{n})$$

berechnet werden. Infolgedessen kann man die Kurvenschar $W(\lambda\,|\,n\,;\,\alpha)$ aus Abb. 2.2.3 und die Geradenschar $W(\lambda\,|\,n\,;\,\alpha)$ aus Abb. 2.2.6 unverändert auch bei der jetzigen Fragestellung verwenden. Man hat nur

$$(2.3.3) \qquad \lambda \;=\; (\mu_1 - \mu)/\sigma_1 \;\; ; \;\; \lambda \geq 0 \;\; ;$$

zu setzen, wenn man die Wirksamkeit der $\bar{x}$-Karte bei Verkleinerung des Mittelwerts $\mu_1$ zu $\mu < \mu_1$ beurteilen will.


## 2.4  Die Wirkungskennlinie der $\bar{x}$-Karte bei bekannter Standardabweichung: zweiseitige Abgrenzung

Zur Berechnung der Wirksamkeit setzt man $\mu = \mu_1 + \lambda\,\sigma_1$ , wobei $\lambda$ jetzt positive oder negative Werte annimmt, je nachdem, ob $\mu > \mu_1$ oder $\mu < \mu_1$ ist. In Abb. 2.4.1 hat sich der Mittelwert $\mu$ der Fertigung zwischen den Zeitpunkten i

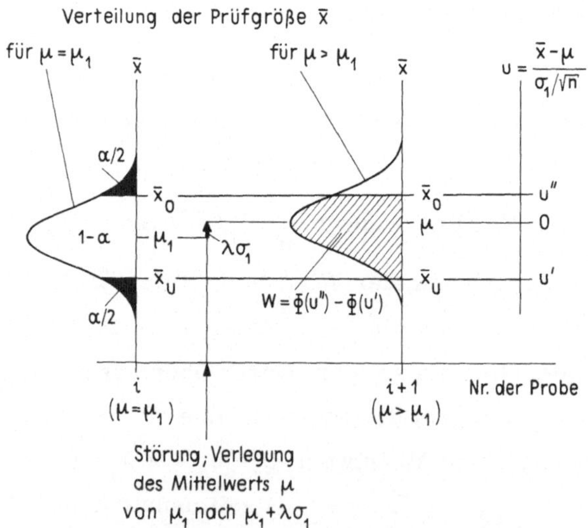


Abb. 2.4.1  Zur Ermittlung der Wirkungskennlinie für eine $\bar{x}$-Karte bei zweiseitiger Abgrenzung.

und (i+1) infolge einer Störung von $\mu = \mu_1$ nach $\mu = \mu_1 + \lambda\,\sigma_1$ verschoben. Der hier dargestellte Sachverhalt entspricht dem der Abb. 2.2.1 .

Standardisiert man die Verteilung der $\bar{x}$-Werte in der gestörten Lage mit Hilfe von $\mu$ und $\sigma\{\bar{x}\} = \sigma_1/\sqrt{n}$ , so gehört zur unteren Grenze $\bar{x}_U$ der standardisierte Wert

$$(2.4.1) \qquad u' = \frac{\bar{x}_U - \mu}{\sigma_1/\sqrt{n}} \; .$$

Der oberen Grenze $\bar{x}_O$ entspricht

$$(2.4.2) \qquad u'' = \frac{\bar{x}_O - \mu}{\sigma_1/\sqrt{n}} \; .$$

Die Annahmewahrscheinlichkeit $W$ der Hypothese $\mu = \mu_1$ in der gestörten Lage ist gleich dem zwischen $u'$ und $u''$ liegenden Anteil der standardisierten Normalverteilung, also

$$(2.4.3) \qquad W = \Phi(u'') - \Phi(u') \; .$$

Setzt man $\bar{x}_{U;O}$ aus (2.1.6) und (2.1.5) in die Ausdrücke (2.4.1) für $u'$ und (2.4.2) für $u''$ ein, so findet man mit $\mu = \mu_1 + \lambda\,\sigma_1$

$$(2.4.4) \qquad u' = u_{\alpha/2} - \lambda\sqrt{n} = -u_{1-(\alpha/2)} - \lambda\sqrt{n} \quad \text{und} \quad u'' = u_{1-(\alpha/2)} - \lambda\sqrt{n} \; .$$

Damit gilt für $W$

$$(2.4.5) \qquad W(\lambda|n\,;\alpha) = \Phi(u_{1-(\alpha/2)} - \lambda\sqrt{n}) - \Phi(-u_{1-(\alpha/2)} - \lambda\sqrt{n}) .$$

An der Stelle $\lambda = 0$ ist

$$W(0|n\,;\alpha) = \Phi(u_{1-(\alpha/2)}) - \Phi(-u_{1-(\alpha/2)}) = \Phi(u_{1-(\alpha/2)}) - \Phi(u_{\alpha/2}) = 1-(\alpha/2)-(\alpha/2) = 1-\alpha \; ,$$

wie es sein muß. Auch bei zweiseitiger Abgrenzung ist $W$ abhängig von der Lage der Eingriffsgrenzen, d.h. von der Irrtumswahrscheinlichkeit $\alpha$ für eine Fehlentscheidung erster Art und von der Probengröße $n$ , ferner von der "dimensionslosen" Verschiebung $\lambda$ des Mittelwerts $\mu$ .

Aus Symmetriegründen kann man vermuten, daß die Annahmewahrscheinlichkeit $W(\lambda|n\,;\alpha)$ eine symmetrische Funktion von $\lambda$ ist. Das folgt rechnerisch aus (2.4.5) mit Hilfe der für die Summenfunktion der standardisierten Normalverteilung gültigen Beziehung

$$(2.4.6) \qquad \Phi(y) + \Phi(-y) = 1 \; .$$

Ersetzt man in  (2.4.5)  bei festem Wertepaar  $(n \; ; \alpha)$  die Veränderliche  $\lambda$  durch  $-\lambda$ , so findet man zunächst

$$W(-\lambda) = \Phi(u_{1-(\alpha/2)} + \lambda\sqrt{n}) - \Phi(-u_{1-(\alpha/2)} + \lambda\sqrt{n}) \; .$$

Mit  (2.4.6)  wird daraus

$$W(-\lambda) = \left[ 1-\Phi(-u_{1-(\alpha/2)} - \lambda\sqrt{n}) \right] - \left[ 1-\Phi(u_{1-(\alpha/2)} - \lambda\sqrt{n}) \right]$$

oder nach Umordnung

$$W(-\lambda) = \Phi(u_{1-(\alpha/2)} - \lambda\sqrt{n}) - \Phi(-u_{1-(\alpha/2)} - \lambda\sqrt{n}) \; .$$

Da die rechte Seite mit  $W(\lambda)$  aus  (2.4.5)  übereinstimmt,  so gilt

$$(2.4.7) \quad W(-\lambda \,|\, n \; ; \alpha) = W(\lambda \,|\, n \; ; \alpha) \; .$$

Die  $\bar{x}$-Karte  ist bei Mittelwertsveränderungen gleicher Größe nach oben oder unten gleich wirksam, wenn die Eingriffsgrenzen  $\bar{x}_O$  und  $\bar{x}_U$  symmetrisch zu  $\mu = \mu_1$  liegen. Es genügt deshalb, die Kurvenschar  $W(\lambda \,|\, n \; ; \alpha)$  für positive Werte von  $\lambda$  darzustellen, wie es in den  Abb.  2.4.2  und  2.4.3  geschehen

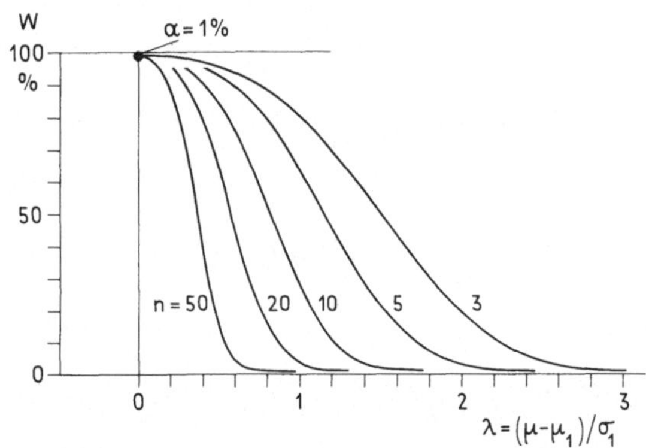


Abb.  2.4.2  Die Schar der Wirkungskennlinien  $W(\lambda \,|\, n \; ; \alpha=1\%)$ einer  $\bar{x}$-Karte  in Abhängigkeit von der dimensionslosen Mittelwertverschiebung  $\lambda = (\mu-\mu_1)/\sigma_1$  und der Probengröße  n bei zweiseitiger Abgrenzung.

ist. Im Wahrscheinlichkeitsnetz der  Abb.  2.4.3  nähert sich die Kurve  $W(\lambda \,|\, n \, ; \alpha)$ mit wachsendem  $\lambda$  rasch der Geraden mit dem "Anstieg"  $\sqrt{n}$  durch den festen Punkt  $P'\left[\lambda=0 \; ; W' = 1-(\alpha/2)\right]$ . Auch diese Eigenschaft läßt sich leicht nachweisen. Bei Verschiebung von  $\mu$  nach oben, also für  $\lambda > 0$ , strebt der zweite Anteil

$$\Phi(u') = \Phi(-u_{1-(\alpha/2)} - \lambda\sqrt{n})$$

in Gleichung  (2.4.3)  bzw.  (2.4.5)  mit wachsendem  $\lambda$  rasch gegen  0 , was man auch anschaulich aus  Abb.  2.4.1  erkennt.

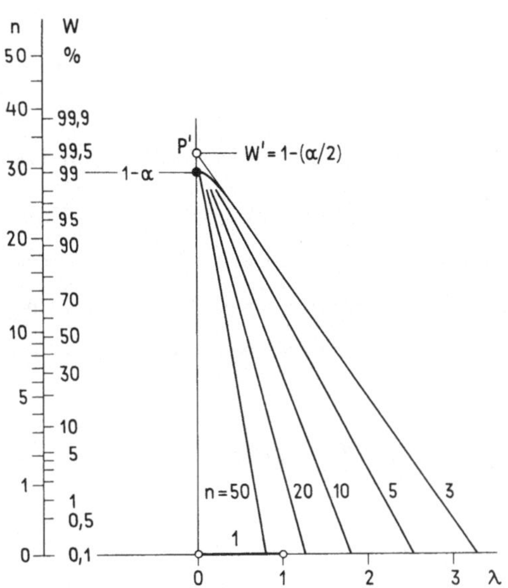



Abb.  2.4.3  Die Schar der Wirkungskennlinien  $W(\lambda|n\ ;\ \alpha)$
der  Abb.  2.4.2  wird im Wahrscheinlichkeitsnetz nahezu
eine Geradenschar durch den festen Punkt  $P'[\,0\ ;\ 1-(\alpha/2)\,]$ .

Für  $\alpha = 1\%$  mit  $u_{1-(\alpha/2)} = 2,576$  und  $n \geqq 5$  wird beispielsweise der vernach-
lässigbare Anteil  $\Phi(u')$  für  $\lambda \geqq 1/4$

$$\Phi(u') \leqq \Phi(-2,576 - 0,559) = \Phi(-3,135) < 0,9\%o \ .$$

Da eine  $\bar{x}$-Karte  "kleine"  Veränderungen des Mittelwerts sowieso "nicht"
anzeigt, ist der Verlauf der Kennlinie  $W(\lambda)$  in der Umgebung von  $\lambda = 0$  nicht
sehr wichtig  $\big[$vom festen Punkt  $W(0) = 1-\alpha$  abgesehen$\big]$ .  Für  $n \geqq 5$  und
$\lambda \gtrless 1/4$  gilt demnach bei Vernachlässigung des zweiten Gliedes  $\Phi(u')$  in  (2.4.5)
ausreichend genau

$$(2.4.8) \qquad W(\lambda|n\ ;\ \alpha) \approx \Phi(u_{1-(\alpha/2)} - \lambda\sqrt{n}\,) \ .$$

Diese Näherung stimmt mit Gleichung  (2.2.8) , die bei einseitiger Abgrenzung
gilt, überein, wenn man dort  $\alpha$  durch  $\alpha/2$  ersetzt.

## 2.5  Die Zentralwertkarte ($\tilde{x}$-Karte) bei bekannter Standardabweichung

Oft wählt man zur Ueberwachung des Mittelwerts $\mu$ einer Fertigung an Stelle des Mittelwerts $\bar{x}$ einer Zufallsprobe der Größe n den Zentralwert $\tilde{x}$. Denkt man sich die n Meßwerte $x_\nu$ nach der Größe geordnet zu

$$x_{(1)} \leq x_{(2)} \leq \ldots \leq x_{(\nu)} \leq \ldots \leq x_{(n)} \;,$$

so steht der Zentralwert $\tilde{x}$ "in der Mitte" der geordneten Meßreihe $x_{(\nu)}$. Rechts und links von $\tilde{x}$ liegen gleich viele Beobachtungen. Zweckmäßig wählt man die Zahl n der Beobachtungen ungerade. Dann ist der Zentralwert $\tilde{x}$ bestimmt durch

$$(2.5.1) \quad \tilde{x} = x_{\left(\frac{n+1}{2}\right)} \qquad \text{für ungerade n .}$$

Für n = 5 wird $\tilde{x} = x_{(3)}$, wie aus Abb. 2.5.1 hervorgeht. Trägt man die Beobachtungen $x_\nu$, so wie sie anfallen, auf der Merkmalachse der x-Werte ab,

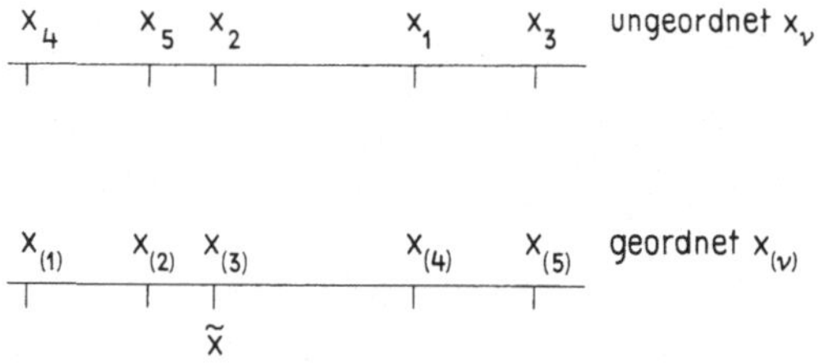

$$x_4 \quad x_5 \; x_2 \qquad\qquad x_1 \qquad x_3 \qquad \text{ungeordnet } x_\nu$$

$$x_{(1)} \quad x_{(2)} \; x_{(3)} \qquad\qquad x_{(4)} \qquad x_{(5)} \qquad \text{geordnet } x_{(\nu)}$$

$$\tilde{x}$$

Abb. 2.5.1  Zur Erläuterung des Zentralwerts $\tilde{x}$ einer Meßreihe für n = 5 .

so liegen sie zum Schluß "von allein" geordnet vor, und man kann den Zentralwert $\tilde{x}$ ohne Rechnung ablesen. Aus diesem Grunde wird die $\tilde{x}$-Karte in der Praxis bevorzugt. In Abb. 2.5.2 ist eine solche Karte für n = 5 dargestellt. Ersichtlich liegen alle Zentralwerte $\tilde{x} \equiv x_{(3)}$ zwischen den Eingriffsgrenzen $\tilde{x}_U$ und $\tilde{x}_O$ .

Zur Berechnung dieser Eingriffsgrenzen geht man von der Verteilung der $\tilde{x}$-Werte ( vgl. [6] bzw. [1] ) aus. Wenn $\mu$ und $\sigma^2$ (wie bisher) Mittelwert und Varianz der normal verteilten Fertigung bedeuten, dann ist die Prüfgröße $\tilde{x}$ bei wiederholter Probenahme (nahezu) normal verteilt mit dem Mittelwert

$$(2.5.2) \quad M\{\tilde{x}\} = \mu \;,$$

der Varianz

$$(2.5.3) \qquad V\{\tilde{x}\} = \frac{\sigma^2}{n} c_n^2$$

und der Standardabweichung

$$(2.5.4) \qquad \sigma\{\tilde{x}\} = \frac{\sigma}{\sqrt{n}} c_n \; .$$

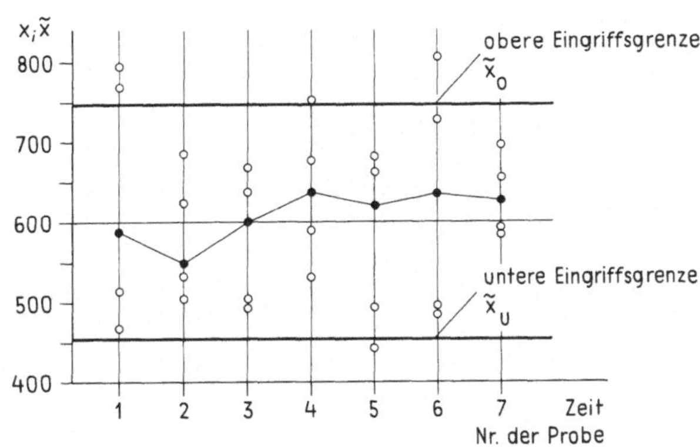


Abb. 2.5.2  Zentralwertkarte zur Ueberwachung des
Mittelwerts einer Fertigung ; ( n=5 ; S = 1−$\alpha$ = 99%) .
Die Zentralwerte sind als schwarze Punkte dargestellt.

Dabei ist $c_n$ ein von der Probengröße n abhängiger Zahlenfaktor, den man für ungerade n $\leq$ 15 aus Zahlentafel 2.5.1 entnimmt.

| Zahlentafel 2.5.1 | | | | | | |
|---|---|---|---|---|---|---|
| n | 3 | 5 | 7 | 9 | 11 | 13 | 15 |
| $c_n$ | 1,160 | 1,198 | 1,214 | 1,223 | 1,229 | 1,233 | 1,237 |

Mit wachsender Probengröße n strebt der Faktor $c_n$ gegen den Grenzwert

$$(2.5.5) \qquad c_\infty = \sqrt{\pi/2} = 1,253 \approx 5/4 \; .$$

Bei einseitiger Abgrenzung liegen die Eingriffsgrenzen $\tilde{x}'_O$ bzw. $\tilde{x}'_U$ an der Stelle

$$(2.5.6) \qquad \tilde{x}'_O = \tilde{x}_{1-\alpha} = \mu_1 + u_{1-\alpha} c_n (\sigma_1/\sqrt{n})$$

bzw.

$$(2.5.7) \qquad \tilde{x}'_U = \tilde{x}_\alpha = \mu_1 - u_{1-\alpha} c_n (\sigma_1/\sqrt{n}) \; ,$$

wenn der Mittelwert $\mu$ der Fertigung (wie bisher) auf dem Sollwert $\mu_1$ gehalten werden soll und die Standardabweichung $\sigma$ den bekannten festen Wert $\sigma_1$ hat. Bei zweiseitiger Abgrenzung mit $S = 1-\alpha$ gilt

$$(2.5.8) \quad \tilde{x}_{U;O} = \mu_1 \mp u_{1-(\alpha/2)} \, c_n \, (\sigma_1/\sqrt{n}) \ .$$

Vergleicht man die letzten drei Gleichungen mit den entsprechenden Gleichungen (2.1.7) , (2.1.8) und (2.1.5 ; 6 ) für $\bar{x}$ , so sieht man, daß man in den früheren Formeln nur die Standardabweichung $(\sigma_1/\sqrt{n})$ der Prüfgröße $\bar{x}$ durch die Standardabweichung $c_n(\sigma_1/\sqrt{n})$ der Prüfgröße $\tilde{x}$ zu ersetzen braucht, um die für die Zentralwertkarte geltenden Ergebnisse zu erhalten.

Bei einseitiger Abgrenzung sei die dimensionslose Verschiebung $\lambda$ des Mittelwerts (wie bisher)

$$(\mu - \mu_1)/\sigma_1 = \lambda \quad \text{nach oben} \quad \text{bzw.} \quad (\mu_1 - \mu)/\sigma_1 = \lambda \quad \text{nach unten} \ .$$

Dann wird die Wirksamkeit der $\tilde{x}$-Karte entsprechend zu (2.2.8) und (2.3.2) in beiden Fällen (Abgrenzung nach unten bzw. nach oben)

$$(2.5.9) \quad \tilde{W}(\lambda|n \, ; \, \alpha) = \Phi\left[u_{1-\alpha} - (\lambda\sqrt{n}/c_n)\right] \ .$$

Bei zweiseitiger Abgrenzung findet man entsprechend zu (2.4.5) für $\lambda \geq 0$ die genaue Gleichung

$$(2.5.10) \quad \tilde{W}(\lambda|n \, ; \, \alpha) = \Phi\left[u_{1-(\alpha/2)} - (\lambda\sqrt{n}/c_n)\right] - \Phi\left[-u_{1-(\alpha/2)} - (\lambda\sqrt{n}/c_n)\right] \ .$$

Entsprechend zu (2.4.8) gilt für $\lambda \gtrsim 1/4$ und $n \gtrsim 5$ angenähert

$$(2.5.11) \quad \tilde{W}(\lambda|n \, ; \, \alpha) \approx \Phi\left[u_{1-(\alpha/2)} - (\lambda\sqrt{n}/c_n)\right] \ .$$

In beiden Fällen findet man den Verlauf der Kennlinie für negative $\lambda$-Werte aus der Symmetriebedingung

$$(2.5.12) \quad \tilde{W}(-\lambda|n \, ; \, \alpha) = \tilde{W}(\lambda|n \, ; \, \alpha) \ .$$

Die Ermittlung von $\tilde{W}(\lambda)$ aus $W(\lambda)$ .

Die Ergebnisse der Gleichungen (2.5.9) , (2.5.10) und (2.5.11) lassen sich auf zweifache Weise deuten, je nachdem, ob man den Faktor $c_n$ zur Probengröße $n$ oder zum Verschiebungsparameter $\lambda$ zieht,

$$\lambda(\sqrt{n}/c_n) \quad \text{oder} \quad (\lambda/c_n)\sqrt{n} \ .$$

Im folgenden werden beide Möglichkeiten erörtert, wobei die Parameter $(n \, ; \, \lambda)$ bei Verwendung einer $\bar{x}$-Karte unverändert mit $(n \, ; \, \lambda)$ , bei Verwendung einer

$\tilde{x}$-Karte jedoch mit ($\tilde{n}$ ; $\tilde{\lambda}$) bezeichnet werden.

<u>Fall (a)</u> .

Will man bei gleicher Verschiebung $\lambda = \tilde{\lambda}$ des Mittelwerts mit beiden Karten
die gleiche Wirksamkeit erreichen, so folgt aus $W = \tilde{W}$ die Bedingung

$$(2.5.13) \qquad \Phi\left[u_0 - \lambda\sqrt{n}\right] = \Phi\left[u_0 - \tilde{\lambda}(\sqrt{\tilde{n}}/c_{\tilde{n}})\right] \ ,$$

wobei der Index 0 bei u in (2.5.9) dem Wert $1-\alpha$ und in (2.5.11) dem Wert
$1-(\alpha/2)$ entspricht, je nachdem, ob einseitig oder zweiseitig abgegrenzt worden
ist. Wegen $\lambda = \tilde{\lambda}$ findet man aus der letzten Gleichung

$$(2.5.14) \qquad \sqrt{n} = \sqrt{\tilde{n}}/c_{\tilde{n}} \qquad \text{oder} \qquad n = \tilde{n}/c_{\tilde{n}}^2 \ .$$

Man erreicht also die gleiche Wirksamkeit $W = \tilde{W}$ beider Karten bei gleicher
Verschiebung $\lambda = \tilde{\lambda}$ , wenn die Probengröße n der $\bar{x}$-Karte (der letzten Glei-
chung entsprechend) kleiner als die Probengröße $\tilde{n}$ der $\tilde{x}$-Karte gewählt wird.
Ist beispielsweise $\tilde{n} = 7$ , so findet man mit $c_7 = 1,214$ für die $\bar{x}$-Karte
$n = 4,8 \approx 5$ .

Für praktische Zwecke darf man $c_{\tilde{n}}^2$ durch den für "große" n geltenden asymp-
totischen Wert $\pi/2$ ersetzen. Dann gilt bei gleicher Wirksamkeit für $\lambda = \tilde{\lambda}$ mit
ausreichender Genauigkeit

$$(2.5.15) \qquad n = \frac{2}{\pi} \tilde{n} \qquad \text{oder} \qquad \tilde{n} = \frac{\pi}{2} n \ .$$

<u>Fall (b)</u> .

Will man bei gleicher Probengröße $n = \tilde{n}$ mit beiden Karten die gleiche Wirksamkeit erreichen, so folgt aus (2.5.13)

$$(2.5.16) \qquad \lambda = \tilde{\lambda}/c_n \qquad \text{oder} \qquad \tilde{\lambda} = c_n \lambda \ .$$

Eine bestimmte "Wirksamkeit" W der $\bar{x}$-Karte wird von der $\tilde{x}$-Karte bei
gleicher Probengröße $n = \tilde{n}$ erst bei größerer Verschiebung $\tilde{\lambda} = c_n \lambda \approx \sqrt{\pi/2}\,\lambda$
des Mittelwerts $\mu$ erreicht.

Die für $\bar{x}$-Karten berechneten Kurvenscharen $W(\lambda|n ; \alpha)$ der Abb. 2.2.3 und
2.4.2 lassen sich demnach auch für $\tilde{x}$-Karten nutzbar machen. Greift man aus
einer dieser Abbildungen ein bestimmtes Wertepaar (n ; $\lambda$) heraus, und bestimmt
dazu die Annahmewahrscheinlichkeit W , so gilt bei gleicher Wirksamkeit $W = \tilde{W}$
beider Karten für die Zentralwertkarte entweder

$$\left(\tilde{n} = \frac{\pi}{2} n \ ; \ \tilde{\lambda} = \lambda\right) \qquad \text{oder} \qquad \left(\tilde{n} = n \ ; \ \tilde{\lambda} = \sqrt{\pi/2}\,\lambda\right) \ .$$

Damit erübrigt sich das Berechnen und Zeichnen besonderer Wirkungskennlinien für Zentralwertkarten.

## 2.6 Die $\bar{x}$-Karte bei unbekannter Standardabweichung $\sigma$; Schätzwerte $\hat{\sigma}$ für $\sigma$ aus einem Vorlauf

Wenn die Standardabweichung $\sigma$ der Fertigung nicht bekannt ist, so muß man sich aus einem "Vorlauf" einen Schätzwert $\hat{\sigma}$ für $\sigma$ beschaffen. Dazu entnimmt man der Fertigung insgesamt k (Einzel-)-Proben der Größe n ; man hat also insgesamt kn Meßwerte zur Verfügung. Praktisch wählt man etwa n = 5 und $k \geqq 25$ , so daß $k(n-1) \geqq 100$ wird. Die Einzelwerte ordnet man zweckmäßig in folgender Weise an:

| (Einzel-) Probe Nr. i | Einzelwerte $x_{i\nu}$ | Mittelwert $\bar{x}_i$ | Varianz $s_i^2$ | Standardabweichung $s_i$ | Spannweite $R_i$ |
|---|---|---|---|---|---|
| 1 | $x_{11}\ x_{12}\ \cdots\ x_{1\nu}\ \cdots\ x_{1n}$ | $\bar{x}_1$ | $s_1^2$ | $s_1$ | $R_1$ |
| 2 | $x_{21}\ x_{22}\ \cdots\ x_{2\nu}\ \cdots\ x_{2n}$ | $\bar{x}_2$ | $s_2^2$ | $s_2$ | $R_2$ |
| $\vdots$ | $\vdots\quad\vdots\quad\quad\vdots\quad\quad\vdots$ | $\vdots$ | $\vdots$ | $\vdots$ | $\vdots$ |
| i | $x_{i1}\ x_{i2}\ \cdots\ x_{i\nu}\ \cdots\ x_{in}$ | $\bar{x}_i$ | $s_i^2$ | $s_i$ | $R_i$ |
| $\vdots$ | $\vdots\quad\vdots\quad\quad\vdots\quad\quad\vdots$ | $\vdots$ | $\vdots$ | $\vdots$ | $\vdots$ |
| k | $x_{k1}\ x_{k2}\ \cdots\ x_{k\nu}\ \cdots\ x_{kn}$ | $\bar{x}_k$ | $s_k^2$ | $s_k$ | $R_k$ |

Der erste Index i bei $x_{i\nu}$ bezeichnet die laufende Nr. der (Einzel-)Probe; $1 \leqq i \leqq k$ . Der zweite Index $\nu$ ist die laufende Nr. des Meßwerts innerhalb der Probe; $1 \leqq \nu \leqq n$ . Aus diesen kn Beobachtungen $x_{i\nu}$ kann man auf sehr unterschiedliche Weise einen Schätzwert $\hat{\sigma}$ für $\sigma$ berechnen. Die verschiedenen Möglichkeiten werden im folgenden kurz erörtert.

Auf jeden Fall muß man dazu voraussetzen, daß sich die Standardabweichung $\sigma$ der Fertigung während des Vorlaufs nicht (wesentlich) ändert. Ob diese Voraussetzung eingehalten wurde oder nicht, läßt sich nachträglich prüfen, indem man beispielsweise die Folge der k Spannweiten $R_i$ in einer R-Karte darstellt

(vergl. Abschn. 5.5) . Nur wenn alle Spannweiten $R_i$ zwischen den Eingriffsgrenzen $R_U$ und $R_O$ der R-Karte liegen,

$$(2.6.1) \qquad R_U \leqq R_i \leqq R_O \qquad \text{für alle } i \; ,$$

darf man den aus der Meßreihe $x_{i\nu}$ gefundenen Schätzwert $\hat{\sigma}$ zur Berechnung
der Eingriffsgrenzen einer $\bar{x}$-Karte verwenden. Die Proben mit $R_i$-Werten
außerhalb der genannten Grenzen sollten bei der Berechnung des Schätzwerts $\hat{\sigma}$
ausgeschlossen werden. Bei der folgenden Auswertung der Meßreihe $x_{i\nu}$ wird
also vorausgesetzt, daß die nachträgliche Ueberprüfung der Spannweiten $R_i$ ergibt, daß die Forderung (2.6.1) ohne Ausnahme eingehalten wurde.

I. Berechnung von $\hat{\sigma} = \hat{\sigma}_I$ aus der mittleren Varianz $\overline{s^2}$ der k Proben.

Für jede einzelne Probe Nr. i berechnet man den Mittelwert $\bar{x}_i$ ,

$$(2.6.2) \qquad \bar{x}_i = \frac{1}{n} \sum_{\nu=1}^{n} x_{i\nu} \quad ,$$

und die Varianz $s_i^2$ ,

$$(2.6.3) \qquad s_i^2 = \frac{1}{n-1} \sum_{\nu=1}^{n} (x_{i\nu} - \bar{x}_i)^2 \; .$$

Jedes $s_i^2$ besitzt $f_i = n-1$ Freiheitsgrade. Aus den k Varianzen $s_i^2$ findet
man einen Schätzwert $\overline{s^2}$ für $\sigma^2$ aus der Gleichung

$$(2.6.4) \qquad \overline{s^2} = \sum_{i=1}^{k} f_i \, s_i^2 \Big/ \sum_{i=1}^{k} f_i \; ,$$

die wegen $f_i = \text{konst} = n-1$ hier die einfache Gestalt annimmt

$$(2.6.5) \qquad \overline{s^2} = \frac{1}{k} \sum_{i=1}^{k} s_i^2 = \frac{1}{k(n-1)} \sum_{i=1}^{k} \sum_{\nu=1}^{n} (x_{i\nu} - \bar{x}_i)^2 \; .$$

$\overline{s^2}$ ist bei fester Probengröße n der arithmetische Mittelwert der k Varianzen $s_i^2$ . Die Zahl der Freiheitsgrade für $\overline{s^2}$ beträgt $f = k(n-1)$ ; $\overline{s^2}$ schätzt
$\sigma^2$ erwartungstreu mit f Freiheitsgraden. Der gesuchte Schätzwert $\hat{\sigma}_I$ für $\sigma$
ist dann

$$(2.6.6) \qquad \hat{\sigma}_I = s'/a_{f+1} \quad \text{mit } s' = \sqrt{\overline{s^2}} \; .$$

Der Faktor $a_{f+1}$ im Nenner der letzten Gleichung sorgt dafür, daß $\hat{\sigma}_I$ ein erwartungstreuer Schätzwert für $\sigma$ ist. Es gilt (vgl. [6] , S. 299)

$$(2.6.7) \qquad a_{f+1} = \frac{\Gamma\left(\frac{f+1}{2}\right)}{\Gamma(f/2)} \sqrt{\frac{2}{f}} \approx 1 - \frac{1}{4f} \; .$$

Da die Zahl  f  der Freiheitsgrade im vorliegenden Fall etwa  100  (oder mehr) beträgt, so darf man  $a_{f+1}$  durch 1  ersetzen, ohne die Güte des Schätzwerts  $\hat{\sigma}_I$ zu beeinträchtigen. Damit hat man ausreichend genau als "ersten" Schätzwert für  $\sigma$

$$(2.6.8)\quad \hat{\sigma}_I = s' = \sqrt{\bar{s}^2} \ .$$

II.  <u>Berechnung von  $\hat{\sigma} = \hat{\sigma}_{II}$  aus der mittleren Standardabweichung  $\bar{s}$  der k  Proben.</u>

Ebenso wie beim Verfahren  I  berechnet man auch hier für jede Einzelprobe Nr. i  den Mittelwert  $\bar{x}_i$  und die Varianz  $s_i^2$ , dazu noch die Standardabweichung $s_i$ . Der Quotient  $s_i/a_n$  ist ein erwartungstreuer Schätzwert für  $\sigma$ . Es gilt bei wiederholter Probenahme

$$(2.6.9)\quad M\left\{s_i\right\} = a_n \sigma \qquad \text{oder} \qquad M\left\{s_i/a_n\right\} = \sigma \ .$$

Exakte Werte  $a_n$  bis  n = f+1 = 15  findet man in Zahlentafel  2.6.1 ; für  n > 15 kann man Näherungswerte gemäß  (2.6.7)  berechnen. Aus den  k  Standardabweichungen  $s_i$  berechnet man den arithmetischen Mittelwert  $\bar{s}$ ,

$$(2.6.10)\quad \bar{s} = \frac{1}{k} \sum_{i=1}^{k} s_i \ .$$

Dann ist

$$(2.6.11)\quad \hat{\sigma}_{II} = \bar{s}/a_n$$

ein erwartungstreuer Schätzwert für  $\sigma$ . Es gilt nämlich

$$(2.6.12)\quad M\left\{\hat{\sigma}_{II}\right\} = M\left\{\bar{s}\right\} /a_n \ .$$

Aus  (2.6.10)  und  (2.6.9)  folgt

$$(2.6.13)\quad M\left\{\bar{s}\right\} = (1/k) \sum_{i=1}^{k} M\left\{s_i\right\} = (1/k) \sum_{i=1}^{k} a_n \sigma = a_n \sigma \ ,$$

also mit  (2.6.12)

$$(2.6.14)\quad M\left\{\hat{\sigma}_{II}\right\} = \sigma \ .$$

Der Rechenaufwand zur Ermittlung der Schätzwerte  $\hat{\sigma}_I = s'$  und  $\hat{\sigma}_{II} = \bar{s}/a_n$  ist erheblich, da man vorher für alle  k  Einzelproben die Mittelwerte  $\bar{x}_i$  und die Varianzen  $s_i^2$  berechnen muß. Viel einfacher findet man einen Schätzwert für  $\sigma$ über die Spannweiten  $R_i$  der Einzelproben, wie das Verfahren  III  zeigt.

Zahlentafel 2.6.1

| Probengröße $n$ | $a_n$ $= M\{s/\sigma\}$ | $b_n$ $= \sigma\{s/\sigma\}$ | $b_n/a_n$ | $\alpha_n \equiv d_2(n)$ $= M\{R/\sigma\}$ | $\beta_n$ $= \sigma\{R/\sigma\}$ | $\beta_n/\alpha_n = \gamma_n$ | Zentralwert $\tilde{\alpha}_n \equiv \tilde{d}_2(n)$ $= Z\{R/\sigma\}$ | Dichte $\psi(\tilde{\alpha}_n)$ |
|---|---|---|---|---|---|---|---|---|
| 2 | 0,798 | 0,603 | 0,756 | 1,128 | 0,853 | 0,756 | 0,954 | 0,450 |
| 3 | 0,886 | 0,463 | 0,523 | 1,693 | 0,888 | 0,525 | 1,588 | 0,435 |
| 4 | 0,921 | 0,389 | 0,422 | 2,059 | 0,880 | 0,427 | 1,978 | 0,445 |
| 5 | 0,940 | 0,341 | 0,363 | 2,326 | 0,864 | 0,371 | 2,257 | 0,457 |
| 6 | 0,952 | 0,308 | 0,324 | 2,534 | 0,848 | 0,335 | 2,472 | 0,468 |
| 7 | 0,959 | 0,282 | 0,294 | 2,704 | 0,833 | 0,308 | 2,645 | 0,477 |
| 8 | 0,965 | 0,262 | 0,272 | 2,847 | 0,820 | 0,288 | 2,791 | 0,487 |
| 9 | 0,969 | 0,246 | 0,254 | 2,970 | 0,808 | 0,272 | 2,915 | 0,495 |
| 10 | 0,973 | 0,232 | 0,238 | 3,078 | 0,797 | 0,259 | 3,024 | 0,503 |
| 11 | 0,975 | 0,221 | 0,227 | 3,173 | 0,787 | 0,248 | 3,121 | 0,509 |
| 12 | 0,978 | 0,211 | 0,216 | 3,258 | 0,778 | 0,239 | 3,207 | 0,515 |
| 13 | 0,979 | 0,202 | 0,206 | 3,336 | 0,770 | 0,231 | 3,285 | 0,521 |
| 14 | 0,981 | 0,194 | 0,198 | 3,407 | 0,762 | 0,224 | 3,356 | 0,527 |
| 15 | 0,982 | 0,187 | 0,190 | 3,472 | 0,755 | 0,217 | 3,422 | 0,532 |

III. Berechnung[1) von $\hat{\sigma} = \hat{\sigma}_{III}$ aus dem Mittelwert $\bar{R}$ der k Spannweiten $R_i$.

Dazu bestimmt man zunächst für jede Einzelprobe Nr. i die Spannweite $R_i$, indem man vom größten Meßwert $x_{i(n)}$ den kleinsten Meßwert $x_{i(1)}$ subtrahiert,

$$(2.6.15) \quad R_i = x_{i(n)} - x_{i(1)} \ .$$

Der Quotient $R_i/\alpha_n$ ist ein erwartungstreuer Schätzwert für $\sigma$. Es gilt bei wiederholter Probenahme

$$(2.6.16) \quad M\{R_i\} = \alpha_n \sigma \qquad \text{oder} \qquad M\{R_i/\alpha_n\} = \sigma \ .$$

Dabei ist $\alpha_n = M\{w\}$ der Mittelwert der dimensionslosen Spannweiten $R/\sigma = w$ aus Proben der Größe n . Zahlenwerte für $\alpha_n$ findet man in Zahlentafel 2.6.1 . Aus den k Spannweiten $R_i$ berechnet man den (arithmetischen) Mittelwert $\bar{R}$ ,

$$(2.6.17) \quad \bar{R} = \frac{1}{k} \sum_{i=1}^{k} R_i \ .$$

Dann ist

$$(2.6.18) \quad \hat{\sigma}_{III} = \bar{R}/\alpha_n$$

ein erwartungstreuer Schätzwert für $\sigma$. Es gilt

$$(2.6.19) \quad M\{\hat{\sigma}_{III}\} = M\{\bar{R}\}/\alpha_n \ .$$

Aus (2.6.17) und (2.6.16) folgt

$$(2.6.20) \quad M\{\bar{R}\} = (1/k) \sum_{i=1}^{k} M\{R_i\} = (1/k) \sum_{i=1}^{k} \alpha_n \sigma = \alpha_n \sigma \ ,$$

also mit (2.6.19)

$$(2.6.21) \quad M\{\hat{\sigma}_{III}\} = \sigma \ .$$


IV. Berechnung von $\hat{\sigma} = \hat{\sigma}_{IV}$ aus dem Zentralwert $\tilde{R}$ der k Spannweiten $R_i$.

Im folgenden wird vorausgesetzt, daß die Zahl k der Einzelproben beim Vorlauf ungerade ist. Die k Spannweiten $R_1$ , $R_2$ , ... , $R_k$ ordnet man nach der Größe zu

$$R_{(1)} \leqq R_{(2)} \leqq \ldots \leqq R_{(i)} \leqq \ldots \leqq R_{(k)} \ .$$

---

1) Die Herleitung der Schätzwerte $\hat{\sigma}_{III}$ und $\hat{\sigma}_{IV}$ für $\sigma$ wird erleichtert, wenn der Leser vorher die Eigenschaften der Spannweitenverteilung in einem Lehrbuch der Statistik nachliest, z.B. in $[6]$ , Abschn. 12.1 bis 12.3 .

Dann bestimmt man den Zentralwert $\tilde{R}$ dieser geordneten Reihe,

$$(2.6.22) \quad \tilde{R} = R_{\left(\frac{k+1}{2}\right)},$$

was ohne Rechnung möglich ist. Es ist

$$(2.6.23) \quad \hat{\sigma}_{IV} = \tilde{R}/\tilde{\alpha}_n$$

ein erwartungstreuer Schätzwert für $\sigma$ , wie im Abschnitt 2.7 bewiesen wird. Dabei ist $\tilde{\alpha}_n = Z\{w\}$ der Zentralwert der dimensionslosen Spannweiten $R/\sigma = w$ aus Proben der Größe n . Zahlenwerte für $\tilde{\alpha}_n$ findet man in Zahlentafel 2.6.1.

V.  Berechnung von $\hat{\sigma} = \hat{\sigma}_V$ aus der Varianz der "Gesamtreihe" .

Wenn man voraussetzen darf, daß außer der Standardabweichung $\sigma$ auch noch der Mittelwert $\mu$ der Fertigung während des Vorlaufs fest bleibt, so darf man die k Einzelproben zu einer Gesamtprobe der Größe kn vereinigen. Der Mittelwert dieser Gesamtprobe ist

$$(2.6.24) \quad \bar{\bar{x}} = \frac{1}{k} \sum_{i=1}^{k} \bar{x}_i = \frac{1}{kn} \sum_{i=1}^{k} \sum_{\nu=1}^{n} x_{i\nu} .$$

Die auf $\bar{\bar{x}}$ bezogene Summe der quadrierten Abweichungen (S.d.q.A.) wird

$$(2.6.25) \quad S_0 = \sum_{i=1}^{k} \sum_{\nu=1}^{n} (x_{i\nu} - \bar{\bar{x}})^2 .$$

$S_0$ besitzt nk – 1 Freiheitsgrade. Aus $S_0$ findet man den Schätzwert $s^2 = S_0/(nk - 1)$ für $\sigma^2$ .

Mit Hilfe der Zerlegung

$$x_{i\nu} - \bar{\bar{x}} = (x_{i\nu} - \bar{x}_i) + (\bar{x}_i - \bar{\bar{x}})$$

läßt sich zeigen, daß für $S_0$ die Beziehung

$$(2.6.26) \quad S_0 = \underbrace{\sum_{i=1}^{k} \sum_{\nu=1}^{n} (x_{i\nu} - \bar{x}_i)^2}_{S_1} + \underbrace{n \sum_{i=1}^{k} (\bar{x}_i - \bar{\bar{x}})^2}_{S_2} = S_1 + S_2$$

gilt. $S_0$ besteht demnach aus zwei Anteilen, aus $S_1$ , der S.d.q.A. innerhalb der Gruppen (Proben), und aus $S_2$ , der S.d.q.A. zwischen den Gruppen (besser zwischen den Mittelwerten $\bar{x}_i$ der Proben) . In [3] wird gezeigt, daß bei wiederholter Probenahme für die Mittelwerte von $S_1$ und $S_2$ gilt

$$(2.6.27) \quad M\{S_1\} = k(n-1)\sigma^2$$

(was bereits im Anschluß an Gleichung (2.6.5) benutzt wurde) und

$$(2.6.28) \quad M\{S_2\} = (k-1)\sigma^2 + n \sum_{i=1}^{k} (\mu_i - \bar{\mu})^2 .$$

Dabei ist $\mu_i$ der bei Entnahme der Probe Nr. i geltende Mittelwert der Fertigung und $\bar{\mu}$ ist der Gesamtmittelwert aller $\mu_i$ ,

$$(2.6.29) \quad \bar{\mu} = \frac{1}{k} \sum_{i=1}^{k} \mu_i \ .$$

Wenn sich der Mittelwert der Fertigung während des Vorlaufs nicht ändert, so gilt

$$(2.6.30) \quad \mu_i = \text{konst} = \mu \qquad \text{für alle } i$$

und damit auch $\bar{\mu} = \mu$ . Dann folgt aus (2.6.28)

$$(2.6.31) \quad M\left\{S_2\right\} = (k-1)\sigma^2 \ .$$

In dem Falle ist auch $S_2/(k-1)$ ein erwartungstreuer Schätzwert für $\sigma^2$ . Für die Summe $S_0 = S_1 + S_2$ gilt weiter

$$M\left\{S_0\right\} = M\left\{S_1\right\} + M\left\{S_2\right\} = k(n-1)\sigma^2 + (k-1)\sigma^2$$

oder

$$(2.6.32) \quad M\left\{S_0\right\} = (kn-1)\sigma^2 \ .$$

Nur im Sonderfall $\mu_i = \text{konst} = \mu$ ist demnach $S_0/(kn-1) = s^2$ ein erwartungstreuer Schätzwert für $\sigma^2$ ; andernfalls gehen in die Berechnung von $S_0$ bzw. $S_2$ nach (2.6.28) die "Schwankungen" $(\mu_i - \bar{\mu})^2$ der Mittelwerte ein und $s^2$ wird zur Schätzung von $\sigma^2$ ungeeignet. Da im allgemeinen die Voraussetzung $\mu_i = \text{konst} = \mu$ während des Vorlaufs nicht gewährleistet ist, sollte man den Schätzwert $s^2$ für $\sigma^2$ nicht verwenden.

Für die Entscheidung, welches der Verfahren I bis IV verwendet werden soll, gibt es zwei Kriterien: den Rechenaufwand und die Wirkungskennlinien ("Prüfschärfe") bzw. den Prüfaufwand, wobei wegen der heute vielfach zur Verfügung stehenden elektronischen Kleinrechner der Rechenaufwand keine so große Rolle mehr spielt wie früher. Vergleicht man die Verfahren I bis IV miteinander, so ist der Rechenaufwand zur Berechnung des Schätzwerts $\hat{\sigma}$ bei III und IV wesentlich geringer als bei I und II . Aus dem Grunde wird in der Praxis insbesondere das Verfahren III bevorzugt. Die Eingriffsgrenzen der $\bar{x}$-Karte findet man, indem man in (2.1.5) und (2.1.6) bzw. in (2.1.7) oder (2.1.8) anstelle der unbekannten Standardabweichung $\sigma$ der Fertigung einen der Schätzwerte $\hat{\sigma}_I$ , $\hat{\sigma}_{II}$ , $\hat{\sigma}_{III}$ oder $\hat{\sigma}_{IV}$ einsetzt. Die Wirkungskennlinien $W(\lambda|n\ ;\ \alpha)$ der $\bar{x}$-Karte ändern sich durch die Verwendung von $\hat{\sigma}$ nur geringfügig, was im Abschn. 2.8 für den Fall III noch nachgewiesen wird.

## 2.7 Die Varianzen der Schätzwerte $\hat{\sigma}$ für $\sigma$

Im vorausgehenden Abschnitt wird die unbekannte Standardabweichung $\sigma$ der Fertigung geschätzt durch

$$\hat{\sigma}_I = s' \quad \text{bzw.} \quad \hat{\sigma}_{II} = \bar{s}/a_n \quad \text{bzw.} \quad \hat{\sigma}_{III} = \bar{R}/\alpha_n \quad \text{bzw.} \quad \hat{\sigma}_{IV} = \tilde{R}/\tilde{\alpha}_n \ .$$

Ein Schätzwert ist um so besser, je kleiner seine Varianz ausfällt. Im folgenden werden die Varianzen der vier Schätzwerte berechnet.

<u>I.</u> Die Varianz $\overline{s^2}$ hat $f = k(n-1)$ Freiheitsgrade ; der Quotient $\overline{s^2}/\sigma^2$ genügt einer $\chi_f^2/f$-Verteilung mit $f = k(n-1)$ Freiheitsgraden. Daraus folgt als Varianz des Schätzwerts $\hat{\sigma}_I = s'$ (vgl. auch $[6]$ , S. 299)

$$(2.7.1) \quad V\{\hat{\sigma}_I\} = V\{s'\} = (1 - a_{f+1}^2)\sigma^2 \ .$$

Wenn $f \gtrsim 100$ gewählt wird, gilt nach (2.6.7) ausreichend genau $1-a_{f+1}^2 = 1/(2f)$ und damit

$$(2.7.2) \quad V\{\hat{\sigma}_I\} = \frac{\sigma^2}{2f} = \frac{\sigma^2}{2k(n-1)} \ .$$

<u>II.</u> $\bar{s}$ hat als Mittelwert aus $k$ unabhängigen Standardabweichungen $s_i$ die Varianz

$$(2.7.3) \quad V\{\bar{s}\} = \frac{1}{k} V\{s_i\} \ .$$

Für $s_i$ hat man bei $(n-1)$ Freiheitsgraden entsprechend zu (2.7.1)

$$(2.7.4) \quad V\{s_i\} = (1 - a_n^2)\sigma^2 = b_n^2 \sigma^2$$

mit $a_n$ und $b_n$ aus Zahlentafel 2.6.1.
Mithin wird die Varianz des Schätzwerts $\hat{\sigma}_{II} = \bar{s}/a_n$

$$(2.7.5) \quad V\{\hat{\sigma}_{II}\} = \frac{\sigma^2}{k}\left(\frac{b_n}{a_n}\right)^2 \ .$$

<u>III.</u> $\bar{R}$ hat als Mittelwert aus $k$ unabhängigen Spannweiten $R_i$ die Varianz

$$(2.7.6) \quad V\{\bar{R}\} = \frac{1}{k} V\{R_i\} \ .$$

Für $R_i$ folgt die Varianz aus der $R$-Verteilung zu

$$(2.7.7) \quad V\{R_i\} = \beta_n^2 \sigma^2 \ .$$

Damit wird die Varianz des Schätzwerts $\hat{\sigma}_{III} = \bar{R}/\alpha_n$

$$(2.7.8) \quad V\{\hat{\sigma}_{III}\} = \frac{\sigma^2}{k} \left(\frac{\beta_n}{\alpha_n}\right)^2$$

mit $\alpha_n$ und $\beta_n$ aus Zahlentafel 2.6.1.

<u>IV.</u> Im Falle IV muß man etwas weiter ausholen. Die Zufallsgröße w sei verteilt mit der Dichtefunktion $\psi(w)$ und dem Zentralwert $Z\{w\} = \zeta$ . Aus dieser Verteilung entnimmt man Proben der Größe k (wobei k eine ungerade Zahl ist) und bestimmt ihren Zentralwert

$$(2.7.9) \quad \tilde{w} = w_{\left(\frac{k+1}{2}\right)} .$$

Dann sind für genügend große k die Zentralwerte $\tilde{w}$ normal verteilt (vgl. [1] ) mit dem Mittelwert

$$(2.7.10) \quad M\{\tilde{w}\} = \zeta$$

und der Varianz

$$(2.7.11) \quad V\{\tilde{w}\} = \frac{1}{4\,k\,\psi^2(\zeta)} ,$$

wobei $\psi(\zeta)$ die Dichte der Verteilung von W an der Stelle des Zentralwerts $\zeta$ ist.

Dieses Ergebnis wendet man auf die Verteilung der dimensionslosen Spannweiten $R/\sigma = w$ aus Proben der Größe n an (n entspricht dem Umfang der Einzelproben). Der Zentralwert der Verteilung ist dann

$$(2.7.12) \quad Z\{w\} = \tilde{\alpha}_n .$$

Zieht man aus dieser w-Verteilung Proben der Größe k (wobei k eine ungerade Zahl ist und der Zahl k der Einzelproben des Vorlaufs entspricht), so gilt für die Zentralwerte $\tilde{w}$ dieser Proben nach (2.7.10) und (2.7.11)

$$(2.7.13) \quad M\{\tilde{w}\} = \tilde{\alpha}_n$$

und

$$(2.7.14) \quad V\{\tilde{w}\} = \frac{1}{4\,k\,\psi^2(\tilde{\alpha}_n)} .$$

Dabei ist $\psi(w)$ die Dichte der w-Verteilung . Aus $R = w\,\sigma$ folgt für die Zentralwerte $\tilde{R} = \tilde{w}\,\sigma$ aus Proben der Größe k mit (2.7.13)

$$(2.7.15) \quad M\{\tilde{R}\} = \tilde{\alpha}_n\,\sigma$$

und mit  (2.7.14)

$$(2.7.16) \quad V\{\tilde{R}\} = \frac{\sigma^2}{4\,k\,\psi^2(\tilde{\alpha}_n)} \ .$$

Nach (2.7.15) ist $\tilde{R}/\tilde{\alpha}_n = \hat{\sigma}_{IV}$ ein erwartungstreuer Schätzwert für $\sigma$, was in (2.6.23) behauptet wurde. Die Varianz des Schätzwerts $\hat{\sigma}_{IV}$ wird mit (2.7.16)

$$(2.7.17) \quad V\{\hat{\sigma}_{IV}\} = \frac{\sigma^2}{k}\ \frac{1}{4\,\tilde{\alpha}_n^2\,\psi^2(\tilde{\alpha}_n)} \ .$$

In den Fällen I bis IV hat man den Ausdruck $\sigma^2/k$ mit einem nur von $n$ abhängigen Faktor $Q^2(n)$ zu multiplizieren. Es ist nach (2.7.2), (2.7.5), (2.7.8) und (2.7.17)

$$(2.7.18) \quad
\begin{aligned}
Q_I^2(n) &= \frac{1}{2(n-1)} & ; && Q_{II}^2(n) &= \left(\frac{b_n}{a_n}\right)^2 & ; \\[2ex]
Q_{III}^2(n) &= \left(\frac{\text{ß}_n}{\alpha_n}\right)^2 & ; && Q_{IV}^2(n) &= \frac{1}{\left[\,2\,\tilde{\alpha}_n\,\psi(\tilde{\alpha}_n)\,\right]^2} & .
\end{aligned}$$

Für die Standardabweichung der Schätzwerte $\hat{\sigma}$, auf die es praktisch meist ankommt, hat man $\sigma/\sqrt{k}$ zu multiplizieren mit dem Faktor

$$(2.7.19) \quad
\begin{aligned}
Q_I(n) &= \frac{1}{\sqrt{2(n-1)}} & ; && Q_{II}(n) &= \frac{b_n}{a_n} & ; \\[2ex]
Q_{III}(n) &= \frac{\text{ß}_n}{\alpha_n} & ; && Q_{IV}(n) &= \frac{1}{2\,\tilde{\alpha}_n\,\psi(\tilde{\alpha}_n)} & .
\end{aligned}$$

Für $n = 5$ ist zahlenmäßig nach Zahlentafel 2.6.1

$$a_5 = 0,940 \ ; \ b_5 = 0,341 \ ; \ \alpha_5 = 2,326 \ ; \ \text{ß}_5 = 0,864 \ ; \ \tilde{\alpha}_5 = 2,257 \ \text{und} \ \psi(\tilde{\alpha}_5) = 0,457.$$

Damit werden die zugehörigen Faktoren

$$(2.7.20) \quad Q_I(5) = 0,354 \ ; \ Q_{II}(5) = 0,363 \ ; \ Q_{III}(5) = 0,371 \ ; \ Q_{IV}(5) = 0,485 \ .$$

In Abb. 2.7.1 ist der Verlauf der vier Funktionen $Q_I(n)$, $Q_{II}(n)$, $Q_{III}(n)$ und $Q_{IV}(n)$ in Abhängigkeit von $n$ dargestellt. Ersichtlich werden die Schätzverfahren III und IV im Vergleich zu den Verfahren I und II mit wachsender Größe $n$ der Einzelproben schlechter, so daß man sie für "große" $n$ (etwa $n \gtrsim 15$) nicht mehr verwenden sollte. Im Bereich $2 \leqq n \leqq 12$ unterscheiden sich die Faktoren $Q_I$ , $Q_{II}$ und $Q_{III}$ nur geringfügig voneinander. Infolgedessen sind diese drei Schätzverfahren (für $2 \leq n \leq 12$ und beliebige $k$ ) nahezu gleichwertig. Die Einfachheit des Schätzverfahrens IV wird durch die größere Varianz des Schätzwerts $\hat{\sigma}_{IV}$ erkauft.

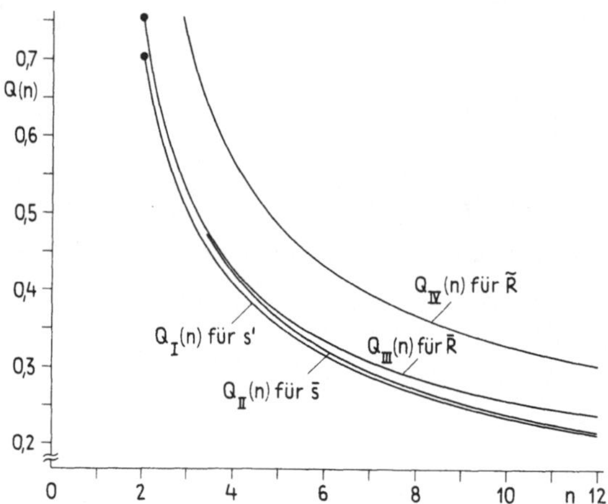


Abb. 2.7.1 Die Standardabweichung der Schätzwerte $\hat{\sigma}$ für $\sigma$ ist das Produkt aus $\sigma / \sqrt{k}$ und $Q(n)$ .

Das beste Verfahren ist ersichtlich die Schätzung durch $\hat{\sigma}_I$ = s' . Der Vergleich von Verfahren II bis IV mit I im Bereich $2 \leq n \leq 12$ ist in Abb. 2.7.2 durchgeführt; dort sind die Quotienten $(Q_I/Q_{II})^2$ , $(Q_I/Q_{III})^2$ und $(Q_I/Q_{IV})^2$ über n aufgetragen.

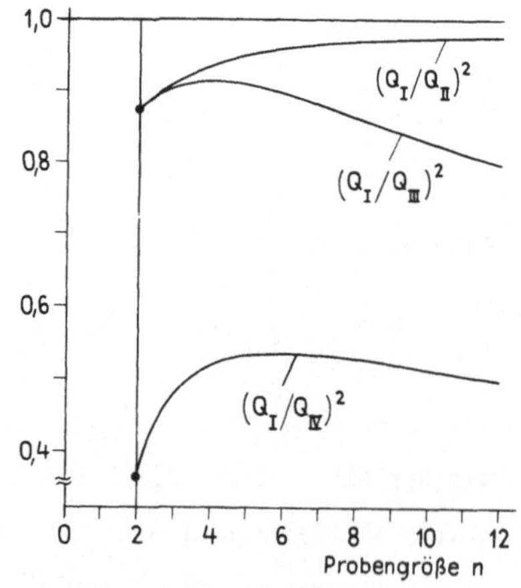


Abb. 2.7.2 Zur Beurteilung der relativen Wirksamkeit der Schätzverfahren $\hat{\sigma}_{II}$ bis $\hat{\sigma}_{IV}$ bezogen auf $\hat{\sigma}_I$ .

## 2.8 Die Wirkungskennlinie der x̄-Karte bei unbekannter Standardabweichung

Die Ueberlegungen dieses Abschnitts beschränken sich auf Karten mit einseitigen Eingriffsgrenzen. Die Berechnung der Wirkungskennlinie bei zweiseitiger Abgrenzung bietet keine Schwierigkeiten und kann dem Leser überlassen bleiben.

Wenn man gemäß Abschnitt 2.6 für die unbekannte Standardabweichung $\sigma_0$ der Fertigung den Schätzwert $\hat\sigma$ eines Vorlaufs benutzt, so liegen die Eingriffsgrenzen der x̄-Karte mit einseitiger Abgrenzung nach (2.1.7) bzw. (2.1.8) bei

$$(2.8.1) \quad \bar{x}'_O = \mu_1 + u_{1-\alpha}\, (\hat\sigma / \sqrt{n})$$

bzw.

$$(2.8.2) \quad \bar{x}'_U = \mu_1 - u_{1-\alpha}\, (\hat\sigma / \sqrt{n}) \ .$$

Bei "mehrfacher Durchführung" des Vorlaufs ist $\hat\sigma$ eine Zufallsgröße mit den im Abschnitt 2.7 angegebenen Varianzen. Zur Einrichtung einer x̄-Karte wird der Vorlauf jedoch nur einmal durchgeführt. Infolgedessen ist beim Einsatz der x̄-Karte $\hat\sigma$ ein fester (mehr oder weniger von $\sigma_0$ abweichender) Wert, aber keine Zufallsgröße.

Eine ähnliche Ueberlegung wie im Abschnitt 2.2 liefert als Annahmewahrscheinlichkeit W der Hypothese $\mu = \mu_1$ in Abhängigkeit vom jeweiligen Mittelwert $\mu$ bei einseitiger Abgrenzung nach oben den Ausdruck

$$(2.8.3) \quad W = \Phi\left[\frac{\bar{x}'_O - \mu}{\sigma_0/\sqrt{n}}\right]$$

bzw. bei einseitiger Abgrenzung nach unten den Ausdruck

$$(2.8.4) \quad W = 1 - \Phi\left[\frac{\bar{x}'_U - \mu}{\sigma_0/\sqrt{n}}\right] = \Phi\left[\frac{\mu - \bar{x}'_U}{\sigma_0/\sqrt{n}}\right] \ .$$

Setzt man in diesen Gleichungen $\bar{x}'_O$ aus (2.8.1) und $\mu = \mu_1 + \lambda\sigma_0$ bzw. $\bar{x}'_U$ aus (2.8.2) und $\mu = \mu_1 - \lambda\sigma_0$ ein, so fällt $\mu_1$ heraus, und man findet in beiden Fällen

$$(2.8.5) \quad W(\lambda \,|\, n\, ;\, \alpha\, ;\, \hat\sigma/\sigma_0) = \Phi\left[(\hat\sigma/\sigma_0)\, u_{1-\alpha} - \lambda\sqrt{n}\right] \ ;\ \lambda \geqq 0 \ .$$

Ersichtlich hängt der Verlauf der Kennlinie bei gegebenem  n  und  $\alpha$  nicht nur von  $\lambda$ , sondern auch von dem im Vorlauf gefundenen Verhältnis  $\hat{\sigma}/\sigma_0$  ab. Hat man zufällig  $\sigma$  richtig geschätzt,  $\hat{\sigma} = \sigma_0$ , so stimmt die neue Kennlinie  (2.8.5) mit der früheren  (2.2.8)  überein.

Die Frage ist, wie weit der Quotient  $\hat{\sigma}/\sigma_0$  von  1  abliegen kann und welcher Unterschied der Kennlinien  (2.8.5)  und  (2.2.8)  damit verbunden ist. Da die Zahl der Meßwerte  $x_{i\nu}$  beim Vorlauf über  100  betragen soll, wobei etwa  n = 5 und  $k \geq 25$  gewählt wird, so sind die vier Zufallsgrößen

$$\hat{\sigma}_I = s' , \quad \hat{\sigma}_{II} = \bar{s}/a_n , \quad \hat{\sigma}_{III} = \bar{R}/\alpha_n \quad \text{und} \quad \hat{\sigma}_{IV} = \tilde{R}/\tilde{\alpha}_n$$

des Abschnitts  2.6  in sehr guter Näherung normal verteilt mit dem Mittelwert

$$M\{\hat{\sigma}\} = \sigma_0$$

und den in Gleichung  (2.7.2), (2.7.5), (2.7.8)  und  (2.7.17)  angegebenen Varianzen. Mit der statistischen Sicherheit  S = 1-ß  liegt  $\hat{\sigma}$  im Zufallsbereich

$$(2.8.6) \quad \sigma_0 - u_{1-(\text{ß}/2)} \frac{\sigma_0}{\sqrt{k}} Q(n) \leq \hat{\sigma} \leq \sigma_0 + u_{1-(\text{ß}/2)} \frac{\sigma_0}{\sqrt{k}} Q(n) ,$$

wobei der Faktor  Q(n)  für die vier möglichen Schätzwerte  $\hat{\sigma}_I$ , $\hat{\sigma}_{II}$ , $\hat{\sigma}_{III}$  und  $\hat{\sigma}_{IV}$  aus Gleichung  (2.7.19)  oder  Abb.  2.7.1  zu entnehmen ist. Der Quotient  $\hat{\sigma}/\sigma_0$  liegt mit der gleichen statistischen Sicherheit im Bereich

$$(2.8.7) \quad 1 - \frac{1}{\sqrt{k}} u_{1-(\text{ß}/2)} Q(n) \leq \frac{\hat{\sigma}}{\sigma_0} \leq 1 + \frac{1}{\sqrt{k}} u_{1-(\text{ß}/2)} Q(n) .$$

Für  n = 5 ; k = 25  und  S = 1-ß = 95%  mit  $u_{1-(\text{ß}/2)} = u_{97,5\%} = 1,96 \approx 2$  gilt zahlenmäßig

$$1 - \frac{2}{5} Q(5) \leq \frac{\hat{\sigma}}{\sigma_0} \leq 1 + \frac{2}{5} Q(5) .$$

Die Abweichung des Quotienten  $\hat{\sigma}/\sigma_0$  von  1  ist nach  (2.7.20)  bei dem Schätzwert  $\hat{\sigma}_{III} = \bar{R}/\alpha_n$  beispielsweise

$$\pm \frac{2}{5} Q_{III}(5) = \pm \frac{2}{5} 0,371 = \pm 0,148 .$$

Infolgedessen gilt in dem gewählten Zahlenbeispiel für den Quotienten  $\hat{\sigma}_{III}/\sigma_0$  die Ungleichung

$$0,852 \leq \hat{\sigma}_{III}/\sigma_0 \leq 1,148 .$$

Die Kennlinie  W($\lambda$)  der Gleichung  (2.8.5)  liegt demnach zwischen den Grenzen

$$W'(\lambda) \quad = \quad \Phi(1,148 \, u_{1-\alpha} - \lambda\sqrt{n} )$$

und                                                                      (für  S = 1-ß = 95%)

$$W''(\lambda) \quad = \quad \Phi(0,852 \, u_{1-\alpha} - \lambda\sqrt{n} ) .$$

An der Stelle $\lambda = 0$ kann die Annahmewahrscheinlichkeit $W(0)$ vom angestrebten Wert $S = 1-\alpha = 99\%$

nach oben bis $\quad W'(0) = \Phi(2,670) = 99,6\%\quad$ und

nach unten bis $\quad W''(0) = \Phi(1,982) = 97,6\%\quad$ abweichen.

Im Wahrscheinlichkeitsnetz der Abb. 2.8.1 werden die Grenzlinien $W'(\lambda)$ und $W''(\lambda)$ zwei parallele Geraden durch die Punkte $P'(\lambda = 0 \; ; \; 99,6\%)$ und $P''(\lambda = 0 \; ; \; 97,6\%)$ mit dem "Anstieg" $\sqrt{n} = \sqrt{5}$ . Mit der statistischen Sicherheit

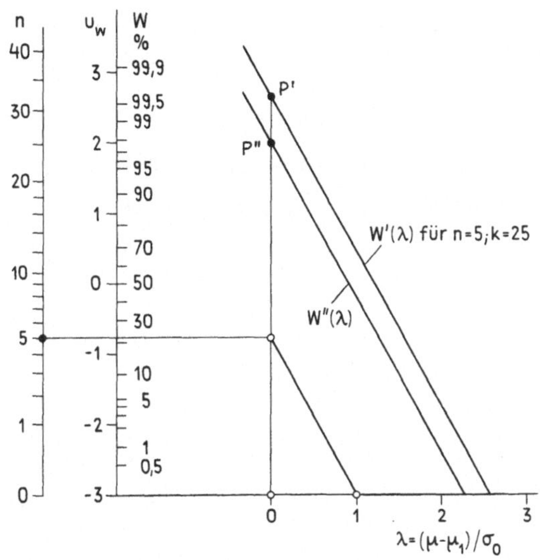


Abb. 2.8.1  Zwischen den Grenzgeraden $W'(\lambda)$ und $W''(\lambda)$ liegt mit $S = 1-\beta = 0,95$ die Wirkungskennlinie $W(\lambda | n \; ; \; \alpha \; ; \; \hat{\sigma}_{III}/\sigma_0)$ der $\bar{x}$-Karte bei unbekanntem $\sigma$ .

$S = 1-\beta = 95\%$ gibt der Vorlauf einen Schätzwert $\hat{\sigma}_{III}$ für $\sigma_0$, so daß die Kennlinie $W(\lambda | n \; ; \; \alpha \; ; \; \hat{\sigma}_{III}/\sigma_0)$ zwischen $W'(\lambda)$ und $W''(\lambda)$ verläuft, wenn $n = 5$ und $k = 25$ gewählt wird. Mit wachsender Zahl $k$ der Proben im Vorlauf rücken die Grenzlinien $W'(\lambda)$ und $W''(\lambda)$ enger zusammen.

Kennzeichnet man die Wahrscheinlichkeit $W$ durch den standardisierten Wert $u_W$ der gleichförmig geteilten senkrechten Achse in Abb. 2.8.1 , so gehört allgemein zu $W'$

$$(2.8.8) \quad u'_W = u_{1-\alpha} - \lambda \sqrt{n} + \frac{1}{\sqrt{k}} \, u_{1-\alpha} \, u_{1-(\beta/2)} \, Q(n)$$

und zu $W''$

$$(2.8.9) \quad u''_W = u_{1-\alpha} - \lambda \sqrt{n} - \frac{1}{\sqrt{k}} \, u_{1-\alpha} \, u_{1-(\beta/2)} \, Q(n) \; .$$

Die beiden Grenzgeraden $W'(\lambda)$ und $W''(\lambda)$ im Wahrscheinlichkeitsnetz haben von der mittleren Geraden $W^*(\lambda)$ bzw. von

$$(2.8.10) \quad u_W^* = u_{1-\alpha} - \lambda \sqrt{n}$$

den (in Richtung der $u_W$-Achse gemessenen) Abstand

$$(2.8.11) \quad \Delta u_W = \pm \frac{1}{\sqrt{k}} \, u_{1-\alpha} \, u_{1-(\beta/2)} \, Q(n) \ .$$

Der Faktor $Q(n)$ für die vier Schätzwerte $\hat{\sigma}_I = s'$, $\hat{\sigma}_{II} = \bar{s}/a_n$, $\hat{\sigma}_{III} = \bar{R}/\alpha_n$ und $\hat{\sigma}_{IV} = \tilde{R}/\tilde{\alpha}_n$ geht aus Abb. 2.7.1 hervor. Da $Q(n)$ nahezu mit $1/\sqrt{n-1}$ abnimmt (vgl. Abb. 2.7.1), gilt angenähert

$$(2.8.12) \quad \Delta u_W \approx \pm \frac{\text{konst}}{\sqrt{k(n-1)}} \, u_{1-\alpha} \, u_{1-(\beta/2)} \quad .$$

Der Abstand $\left| \Delta u_W \right|$ sinkt mit dem Kehrwert der Wurzel aus $k(n-1) = f$, der Zahl der Freiheitsgrade des Schätzwerts $\hat{\sigma}$ aus dem Vorlauf.

# 3. Kontrollkarten zur Überwachung des Mittelwertes $\mu$ einer Fertigung; Mittelwert $\mu_0$ und Standardabweichung $\sigma_0$ werden aus einem Vorlauf geschätzt

## 3.1 Die Eingriffsgrenzen der $\bar{x}$-Karte bei Verwendung der Schätzwerte $\bar{\bar{x}}$ für $\mu_0$ und $\hat{\sigma}_{III}$ für $\sigma_0$

Gelegentlich ist für den Mittelwert $\mu$ der Fertigung kein Sollwert $\mu_1$ vorgeschrieben, sondern man will den bisherigen (unbekannten) Mittelwert $\mu_0$ beibehalten, da er ein "brauchbares Erzeugnis" gewährleistet. In dem Falle berechnet man für $\mu_0$ einen Schätzwert aus dem im Abschnitt 2.6 ausführlich erläuterten Vorlauf, z.B. den aus $k$ Proben der Größe $n$ berechneten Mittelwert $\bar{\bar{x}}$ nach Gleichung (2.6.24) ,

$$(3.1.1) \quad \bar{\bar{x}} = \frac{1}{k} \sum_{i=1}^{k} \bar{x}_i = \frac{1}{kn} \sum_{i=1}^{k} \sum_{\nu=1}^{n} x_{i\nu} \; .$$

Diesen Schätzwert $\bar{\bar{x}}$ für $\mu_0$ setzt man in die Gleichungen (2.1.5) und (2.1.6) bzw. (2.1.7) oder (2.1.8) anstelle des vorgeschriebenen Sollwerts $\mu = \mu_1$ ein. Bei einseitiger Abgrenzung nach oben wird demnach beispielsweise

$$(3.1.2) \quad \bar{x}'_O = \bar{\bar{x}} + u_{1-\alpha} \, (\sigma_1/\sqrt{n}) \; ,$$

wenn die Standardabweichung $\sigma = \sigma_1$ der Fertigung bekannt ist.

In den meisten Fällen kennt man aber weder den Mittelwert $\mu_0$ noch die Standardabweichung $\sigma_0$ . Dann ersetzt man $\sigma_0$ bei der Berechnung der Eingriffsgrenzen durch einen der Schätzwerte $\hat{\sigma}_I = s'$ , $\hat{\sigma}_{II} = \bar{s}/a_n$ , $\hat{\sigma}_{III} = \bar{R}/\alpha_n$ oder $\hat{\sigma}_{IV} = \tilde{R}/\tilde{\alpha}_n$ aus dem Vorlauf.

Im folgenden wird der aus der mittleren Spannweite $\bar{R}$ berechnete Schätzwert $\hat{\sigma}_{III} = \bar{R}/\alpha_n$ für $\sigma_0$ gewählt. Dann hat man bei einseitiger Abgrenzung nach oben bzw. unten die Eingriffsgrenze

$$(3.1.3) \quad \bar{x}'_O = \bar{\bar{x}} + u_{1-\alpha} \, \frac{1}{\alpha_n \sqrt{n}} \, \bar{R} \quad \text{bzw.} \quad \bar{x}'_U = \bar{\bar{x}} - u_{1-\alpha} \, \frac{1}{\alpha_n \sqrt{n}} \, \bar{R} \; .$$

Bei zweiseitiger Abgrenzung hat man nur $u_{1-\alpha}$ durch $u_{1-(\alpha/2)}$ zu ersetzen. Man behält demnach in allen Fällen den Aufbau der früher mit bekanntem Wertepaar $(\mu_1; \sigma_1)$ berechneten Eingriffsgrenzen bei und nimmt dafür in Kauf, daß die statistische Sicherheit und die Wirkungskennlinie  $W(\lambda)$  der Karte sich (geringfügig) ändern.

## 3.2 Die Wirkungskennlinie der $\bar{x}$-Karte bei einseitiger Abgrenzung unter Verwendung von $\bar{x}$ und $\hat{\sigma}_{III}$

Denkt man sich den Vorlauf zur Ermittlung der Schätzwerte  $\bar{\bar{x}}$  für  $\mu_0$  und  $\bar{R}/\alpha_n$ für  $\sigma_0$  mehrfach durchgeführt, so sind  $\bar{\bar{x}}$  und  $\bar{R}$  Zufallsgrößen, und zwar ist $\bar{\bar{x}}$  streng und  $\bar{R}$  (als Mittelwert von  k  Einzelspannweiten  $R_i$ ) in guter Näherung normal verteilt.  Die Mittelwerte sind

$$(3.2.1) \quad M\{\bar{\bar{x}}\} = \mu_0 \qquad \text{und} \qquad M\{\bar{R}\} = \alpha_n \sigma_0 \ .$$

Die Varianzen sind

$$(3.2.2) \quad V\{\bar{\bar{x}}\} = \frac{\sigma_0^{\ 2}}{kn} \qquad \text{und} \qquad V\{\bar{R}\} = \frac{\beta_n^2 \sigma_0^{\ 2}}{k} \ .$$

Auch die einseitige obere Eingriffsgrenze entsprechend zu  (3.1.3) ,

$$(3.2.3) \quad \bar{x}_O' \equiv y = \bar{\bar{x}} + u_{1-\alpha} \frac{1}{\alpha_n \sqrt{n}} \bar{R} \ ,$$

wird dabei eine Zufallsgröße, die kurz mit  y  bezeichnet werden soll.  Sie hat den Mittelwert

$$(3.2.4) \quad M\{y\} \equiv \eta = \mu_0 + u_{1-\alpha} \frac{\sigma_0}{\sqrt{n}} \ .$$

Da  $\bar{\bar{x}}$  und  $\bar{R}$  unabhängig voneinander sind (vgl.  $[4]$ ), gilt für die Varianz von  y

$$(3.2.5) \quad V\{y\} \equiv \sigma_y^{\ 2} = \frac{\sigma_0^{\ 2}}{kn} + \frac{\sigma_0^{\ 2}}{kn} u_{1-\alpha}^2 \left(\frac{\beta_n}{\alpha_n}\right)^2 \ .$$

y  ist in sehr guter Näherung normal verteilt.  Setzt man abkürzend

$$(3.2.6) \quad \beta_n/\alpha_n = \gamma_n \ ,$$

so wird die Varianz von  y

$$(3.2.7) \quad V\{y\} \equiv \sigma_y^{\ 2} = \frac{\sigma_0^{\ 2}}{kn} (1 + \gamma_n^2 u_{1-\alpha}^2) \ .$$

Die hier eingeführte Hilfsgröße $\gamma_n = \beta_n/\alpha_n$ ist die Variationszahl (Variations-koeffizient) der R-Verteilung . Mit der statistischen Sicherheit S = 1-ß liegt y im Zufallsbereich

$$(3.2.8) \qquad \eta - u_{1-(\beta/2)} \, \sigma_y \leq y \leq \eta + u_{1-(\beta/2)} \, \sigma_y \; .$$

$$\longleftarrow y'' \longrightarrow \qquad \longleftarrow y' \longrightarrow$$

Damit läßt sich der Einfluß des Vorlaufs $(\bar{\bar{x}} \, ; \, \bar{R})$ auf die Wirkungskennlinie $W(\lambda)$ der Karte abschätzen.

Praktisch führt man den Vorlauf nur einmal durch. Dabei findet man je einen bestimmten Schätzwert $\bar{\bar{x}}$ für $\mu_0$ und $\bar{R}/\alpha_n$ für $\sigma_0$ . Mit diesen Werten berechnet man die Eingriffsgrenze $\bar{x}'_O$ nach (3.1.3) . Mit dieser Grenze $\bar{x}'_O$ läßt man die Kontrollkarte laufen. Beim Einsatz der $\bar{x}$-Karte ist demnach weder $\bar{\bar{x}}$ noch $\bar{R}$ noch $\bar{x}'_O$ eine Zufallsgröße, sondern alle drei sind feste Werte, die mehr oder weniger von ihren Erwartungswerten $\mu_0$ , $\alpha_n \sigma_0$ und $\eta = \mu_0 + u_{1-\alpha}(\sigma_0/\sqrt{n})$ abweichen können. Jedoch liegt die aus dem Vorlauf berechnete Eingriffsgrenze mit der statistischen Sicherheit S = 1-ß in dem aus (3.2.8) ersichtlichen Zufallsbereich $y'' \leq y \leq y'$ .

Im gestörten Zustand liegt der Mittelwert der Fertigung bei $\mu = \mu_0 + \lambda \sigma_0 > \mu_0$ . In diesem Falle entscheidet man sich fälschlicherweise (!) mit der Wahrscheinlichkeit $W(\lambda)$ für die nicht zutreffende Hypothese $\mu = \mu_0$ . Eine ähnliche Ueberlegung wie im Abschnitt 2.2 liefert für W den Ausdruck

$$(3.2.9) \qquad W = \Phi(u_W) = \Phi\left[\frac{y - \mu}{\sigma_0/\sqrt{n}}\right] .$$

Zweckmäßig rechnet man mit dem standardisierten Wert $u_W$ weiter, der zu W gehört,

$$(3.2.10) \qquad u_W = \frac{y - \mu}{\sigma_0/\sqrt{n}} .$$

Setzt man hier $y = y'$ bzw. $y = y''$ aus (3.2.8) , $\eta$ aus (3.2.4) , $\sigma_y$ aus (3.2.7) und $\mu = \mu_0 + \lambda \sigma_0$ ein, so fallen $\mu_0$ und $\sigma_0$ heraus. Es bleibt beim Einsetzen von $y'$

$$(3.2.11) \qquad u'_W = u_{1-\alpha} - \lambda\sqrt{n} + \frac{1}{\sqrt{k}} \, u_{1-(\beta/2)} \sqrt{1 + \gamma_n^2 \, u_{1-\alpha}^2}$$

und beim Einsetzen von $y''$

$$(3.2.12) \quad u_W'' = u_{1-\alpha} - \lambda\sqrt{n} - \frac{1}{\sqrt{k}}\, u_{1-(\text{ß}/2)} \sqrt{1 + \gamma_n^2\, u_{1-\alpha}^2} \; .$$

Im Wahrscheinlichkeitsnetz haben die zu $u_W'$ und $u_W''$ gehörenden Grenzgeraden $W'(\lambda)$ und $W''(\lambda)$ von der mittleren Linie $W^*(\lambda) = \Phi(u_{1-\alpha} - \lambda\sqrt{n})$ bzw. von

$$u_W^* = u_{1-\alpha} - \lambda\sqrt{n}$$

den (in Richtung der $u_W$-Achse gemessenen) Abstand

$$(3.2.13) \quad \Delta u_W = \pm \frac{1}{\sqrt{k}}\, u_{1-(\text{ß}/2)} \sqrt{1 + \gamma_n^2\, u_{1-\alpha}^2} \; .$$

Für die Probengröße $n = 5$ ist $\gamma_n = 0,371$ gemäß Zahlentafel 2.6.1 . Wählt man wie im früheren Beispiel im Vorlauf $k = 25$ Proben der Größe $n = 5$ , ferner $u_{1-\alpha} = 2,326$ und $u_{1-(\text{ß}/2)} = 1,960$ , so findet man zahlenmäßig aus (3.2.13)

$$\Delta u_W = \pm\, 0,518 \; .$$

An der Stelle $\lambda = 0$ kann die Annahmewahrscheinlichkeit $W(0)$ demnach vom angestrebten Wert $S = 1-\alpha = 99\%$

nach oben bis zu $\quad W'(0) = \Phi(2,326 + 0,518) = 99,8\%$ ,

nach unten bis zu $\quad W''(0) = \Phi(2,326 - 0,518) = 96,5\%$ $\qquad$ abweichen.

Hat man den Mittelwert $\mu_0$ genau geschätzt oder ist $\mu_0$ von vornherein gegeben, so hat man in Gleichung (3.2.13) unter der Wurzel die Zahl 1 zu streichen. In diesem Sonderfall wird der Abstand

$$\Delta u_W = \pm \frac{1}{\sqrt{k}}\, u_{1-\alpha}\, u_{1-(\text{ß}/2)}\, \gamma_n \quad ,$$

wobei nach (3.2.6) und (2.7.19)

$$\gamma_n = \text{ß}_n/\alpha_n = Q_{III}(n)$$

ist. Man kommt auf Gleichung (2.8.11) zurück, wie es sein muß, da sich jetzt nur die Schätzung von $\sigma_0$ durch $\hat{\sigma}_{III}$ auf den Verlauf der Kennlinie $W(\lambda)$ auswirkt.

Ebenso wie im Abschnitt 2.8 bleibt auch hier der Einfluß der "Ungenauigkeit" der Schätzwerte $\bar{\bar{x}}$ für $\mu_0$ und $\bar{R}/\alpha_n$ für $\sigma_0$ auf den Verlauf der Wirkungskennlinie $W(\lambda)$ der Kontrollkarte in erträglichen Grenzen, solange $k$ "nicht zu klein" ist. Mit wachsender Zahl $k$ der Einzelproben beim Vorlauf rücken die Grenzlinien $W'(\lambda)$ und $W''(\lambda)$ enger zusammen. Jedoch kann man $k$ nicht beliebig steigern, da man die Zeit für den Vorlauf nicht beliebig ausdehnen kann.

Damit man unverzerrte Schätzwerte $\bar{\bar{x}}$ für $\mu_0$ und $\hat{\sigma}$ für $\sigma_0$ findet, müssen Mittelwert und Standardabweichung der Fertigung während der Dauer des Vorlaufs fest bleiben: $\mu = \mu_0 = \text{konst}$ und $\sigma = \sigma_0 = \text{konst}$ . Da man praktisch nie weiß, ob diese Bedingungen erfüllt sind, sollte man sich nach Beendigung des Vorlaufs und nach Berechnung der Eingriffsgrenzen der Karten vergewissern, ob die im Vorlauf beobachteten Mittelwerte $\bar{x}_i$ und Spannweiten $R_i$ der k Einzelproben innerhalb der Eingriffsgrenzen

$$(3.2.14) \quad \bar{x}_U \leqq \bar{x}_i \leqq \bar{x}_O$$

bzw.

$$(3.2.15) \quad R_U \leqq R_i \leqq R_O$$

der zugehörigen Kontrollkarten liegen. Falls nicht alle $\bar{x}_i$ bzw. $R_i$ dieser Bedingung genügen, so sollte man bei der Berechnung von $\bar{\bar{x}}$ die herausfallenden $\bar{x}_i$ und bei der Berechnung von $\hat{\sigma}_{III} = \bar{R}/\alpha_n$ die herausfallenden $R_i$ nicht verwenden.


## 3.3  Die A-Faktoren; Warngrenzen; einseitige Eingriffsgrenzen

Bei der Berechnung der zweiseitigen Eingriffsgrenzen einer $\bar{x}$-Karte mit Hilfe des Schätzwerts $\hat{\sigma}_{III} = \bar{R}/\alpha_n$ für $\sigma_0$ hat man $\bar{R}$ mit dem Faktor

$$(3.3.1) \quad u_{1-(\alpha/2)} \, \frac{1}{\alpha_n \sqrt{n}} \equiv A(S\,;\,n)$$

zu multiplizieren. Die Faktoren $A = A(S\,;\,n)$ sind von der statistischen Sicherheit $S = 1-\alpha$ und der Probengröße n abhängig. Dabei wählt man entweder $S = 1-\alpha = 99\%$ mit $u_{1-(\alpha/2)} = 2,576$ und bezeichnet den Faktor mit $A_K$ oder man wählt $u_{1-(\alpha/2)} = 3$ mit $S = 99,7\%$ und bezeichnet den Faktor mit $A_2$ ,

$$(3.3.2) \quad A(99\%\,;\,n) = A_K(n) = A_K \;\; ; \;\; A(99,7\%\,;\,n) = A_2(n) = A_2 \;.$$

Gelegentlich wird die Kontrollkarte durch "Warngrenzen" ergänzt, die weitergehenden Aufschluß über das Verhalten der Fertigung zulassen. Im allgemeinen wählt man bei der Berechnung der Warngrenzen einer $\bar{x}$-Karte die statistische Sicherheit

$$S_1 = 1 - \alpha_1 = 0,95 = 95\% \quad \text{mit} \quad u_{1-(\alpha_1/2)} = 1,960 \;.$$

Benutzt man zur Abgrenzung ganzzahlige Vielfache der Standardabweichung $\sigma\{\bar{x}\}$ , so berechnet man die Warngrenzen mit dem Faktor  u = 2 . Ersichtlich ist der Unterschied (zwischen  1,96  und  2 ) bei der  $\bar{x}$-Karte belanglos. (Bei anderen Karten können größere Unterschiede auftreten. )

Ueberschreitet der Probenmittelwert  $\bar{x}$  eine der Warngrenzen  $\bar{x}_W$ ,

$$\bar{x} < \bar{x}_{WU} \quad \text{oder} \quad \bar{x} > \bar{x}_{WO} ,$$

liegt  $\bar{x}$  aber noch innerhalb der Eingriffsgrenzen (Kontrollgrenzen)  $\bar{x}_K$ ,

$$\bar{x}_{KU} \leq \bar{x} \leq \bar{x}_{KO} ,$$

so wird in den  Arbeitsablauf  noch nicht eingegriffen,  jedoch mit einer möglichen Störung (Mittelwertverschiebung) gerechnet. Zweckmäßig entnimmt man dann sofort oder nach kurzer Zeit eine weitere Probe. Liegt der Mittelwert  $\mu$  der Fertigung bei  $\mu_0$  (bzw. $\bar{\bar{x}}$), so ist die Wahrscheinlichkeit, daß  $\bar{x}$  "oben" bzw. "unten" zwischen die Warn- und Kontrollgrenze fällt,  gleich  (0,99–0,95)/2 = = 0,02 = 1/50 . Die Wahrscheinlichkeit, daß zwei aufeinander folgende $\bar{x}$-Werte bei ungestörtem Mittelwert  $\mu = \mu_0(\approx \bar{\bar{x}})$  oben bzw. unten zwischen Warn- und Kontrollgrenze liegen, hat den Wert  $(1/50)^2$ = 1/2500 = 0,4‰ . Diese Wahrscheinlichkeit ist so klein,  daß man beim Eintreten dieses Ereignisses die Hypothese  $\mu = \mu_0$  verwirft und auf  $\mu \neq \mu_0$  schließt.

Für die Probengröße  n = 5  mit  $\alpha_5 \equiv d_2(5) = 2,326$  findet man die folgenden Zahlenwerte der Faktoren

| | Warngrenzen | Eingriffsgrenzen | |
|---|---|---|---|
| Abgrenzung mit | $S_1$ = $1-\alpha_1$ = 95% | S = $1-\alpha$ = 99% | $3\,\sigma\{\bar{x}\}$ |
| u-Faktor | 1, 960 | 2, 576 | 3 |
| A-Faktor | $A_W$ | $A_K$ | $A_2$ |
| A(5) | 0, 377 | 0, 495 | 0, 577 |

Für andere  n  gehen  $A_W$ ,  $A_K$  und  $A_2$  aus Zahlentafel 3.3.1 hervor. Nach Abb. 3.3.1 liegen die Warngrenzen für  $S_1$ = 95% bei

$$(\mu_1 \text{ bzw. } \bar{\bar{x}}) \pm A_W \bar{R} ,$$

die Eingriffsgrenzen für  S = 99% bei

$$(\mu_1 \text{ bzw. } \bar{\bar{x}}) \pm A_K \bar{R} ,$$

die Eingriffsgrenzen mit dem u-Faktor 3 bei

$$(\mu_1 \text{ bzw. } \bar{\bar{x}}) \pm A_2 \bar{R} \ .$$

<table>
<tr><td colspan="4" align="center">Zahlentafel 3.3.1</td></tr>
<tr><td colspan="4">Die A-Faktoren zur Berechnung der Eingriffsgrenzen<br>von $\bar{x}$-Karten mit $\bar{R}$</td></tr>
<tr><td>Proben-<br>größe<br><br>n</td><td>Warngrenzen<br><br>$S_1 = 95\%$<br>mit $A_W$</td><td colspan="2" align="center">Eingriffsgrenzen</td></tr>
<tr><td></td><td></td><td>$S = 99\%$<br>mit $A_K$</td><td>$3\,\sigma\{\bar{x}\}$ -Grenzen<br>mit $A_2$</td></tr>
<tr><td>2</td><td>1,229</td><td>1,615</td><td>1,880</td></tr>
<tr><td>3</td><td>0,668</td><td>0,887</td><td>1,023</td></tr>
<tr><td>4</td><td>0,476</td><td>0,625</td><td>0,729</td></tr>
<tr><td>5</td><td>0,377</td><td>0,495</td><td>0,577</td></tr>
<tr><td>6</td><td>0,316</td><td>0,415</td><td>0,483</td></tr>
<tr><td>7</td><td>0,274</td><td>0,361</td><td>0,419</td></tr>
<tr><td>8</td><td>0,243</td><td>0,320</td><td>0,373</td></tr>
<tr><td>9</td><td>0,220</td><td>0,289</td><td>0,337</td></tr>
<tr><td>10</td><td>0,201</td><td>0,265</td><td>0,308</td></tr>
<tr><td>11</td><td>0,186</td><td>0,245</td><td>0,285</td></tr>
<tr><td>12</td><td>0,174</td><td>0,228</td><td>0,266</td></tr>
<tr><td>13</td><td>0,163</td><td>0,214</td><td>0,249</td></tr>
<tr><td>14</td><td>0,154</td><td>0,202</td><td>0,235</td></tr>
<tr><td>15</td><td>0,146</td><td>0,192</td><td>0,223</td></tr>
</table>

Wenn nur einseitige Grenzen $\bar{x}'_O$ nach oben bzw. $\bar{x}'_U$ nach unten von praktischer Bedeutung sind, wurde in den vorausgehenden Abschnitten der Schwellenwert $u_{1-(\alpha/2)}$ durch den genau zutreffenden Schwellenwert $u_{1-\alpha}$ ersetzt. Die Praxis verfährt meist großzügiger und verwendet bei einseitigen Fragestellungen die gleichen Grenzen wie bei zweiseitiger Abgrenzung,

$$\bar{x}'_O = \bar{x}_O \quad \text{bzw.} \quad \bar{x}'_U = \bar{x}_U \ .$$

Man vergrößert dadurch bei Mittelwertkarten die statistische Sicherheit $S = 1-\alpha$ zu $S' = 1-(\alpha/2)$, also beispielsweise $S = 99\%$ zu $S' = 99,5\%$. Das ist in der Tat praktisch nicht von Belang, da man — wie eingangs bemerkt wurde — die Aussagesicherheit $S$ innerhalb gewisser Grenzen frei wählen darf. (Es sollte nur $S > 90\%$ sein.) Die Wirkungskennlinie für $S'$ verläuft ganz oberhalb derjenigen für $S$, d.h. die Wahrscheinlichkeit $\alpha$ für den Fehler 1.Art wird durch diese Vorgehensweise kleiner; hingegen nimmt die Wahrscheinlichkeit für den Fehler 2.Art zu.

Wenn nur die Abwanderung des Mittelwerts $\mu$ der Fertigung nach oben (bzw. unten) verhindert werden soll, so läßt man in Abb. 3.3.1 die unteren Grenzen (bzw. die oberen Grenzen) der Karte weg.

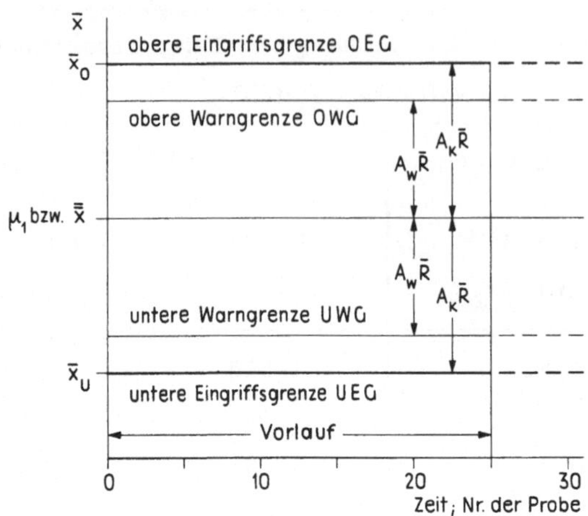


Abb. 3.3.1 Zur Erläuterung der Faktoren $A_W$ und $A_K$ zur Berechnung der Warngrenzen und Eingriffsgrenzen einer $\bar{x}$-Karte .

In Deutschland und England werden die Faktoren $(A_W ; A_K)$ , in USA dagegen meist die Faktoren $A_2$ bevorzugt. (Die Bezeichnung $A_2$ ist historisch zu erklären.)

## 3.4 Die Eingriffsgrenzen der $\tilde{x}$-Karte bei Verwendung der Schätzwerte $\tilde{\tilde{x}}$ für $\mu_o$ und $\hat{\sigma}_{IV}$ für $\sigma_o$

Im Abschnitt 3.1 wurde als Schätzwert für den unbekannten Mittelwert $\mu_0$ der Fertigung der Mittelwert $\bar{\bar{x}}$ aus k Vorlaufmittelwerten $\bar{x}_i$ benutzt, $1 \leqq i \leqq k$ . Anstelle von $\bar{\bar{x}}$ kann man den Zentralwert $\tilde{\tilde{x}}$ der k Zentralwerte $\tilde{x}_i$ wählen. Dabei läßt sich jede Rechenarbeit vermeiden. Zweckmäßig ist bei diesem Verfahren sowohl n als auch k eine ungerade Zahl. Man bestimmt aus den Einzelwerten $x_{i\nu}$ der Probe Nr. i des Vorlaufs den Zentralwert $\tilde{x}_i$ (was ohne Rechenarbeit möglich ist). Die k Zentralwerte $\tilde{x}_i$ ordnet man nach der Größe zu

$$\tilde{x}_{(1)} \leqq \tilde{x}_{(2)} \leqq \cdots \leqq \tilde{x}_{(i)} \leqq \cdots \leqq \tilde{x}_{(k)} .$$

Der Zentralwert $\tilde{\tilde{x}}$ dieser Reihe ist der gesuchte Schätzwert für $\mu_0$ ,

$$(3.4.1) \qquad \tilde{\tilde{x}} = \tilde{x}_{\left(\frac{k+1}{2}\right)} ; \qquad k \text{ ungerade} .$$

Den Schätzwert $\tilde{\tilde{x}}$ für $\mu_0$ setzt man in die Gleichungen (2.5.8) bzw. (2.5.6) oder (2.5.7) anstelle des dort vorgeschriebenen Sollwerts $\mu = \mu_1$ ein. Als Schätzwert für $\sigma_0$ wählt man aus Gleichung (2.6.23)

$$(3.4.2) \quad \hat{\sigma}_{IV} = \tilde{R}/\tilde{a}_n \ .$$

Damit liegen die Eingriffsgrenzen $\tilde{x}_{U;O}$ der $\bar{x}$-Karte mit zweiseitiger Abgrenzung zur statistischen Sicherheit $S = 1-\alpha$ bei

$$(3.4.3) \quad \tilde{x}_{U;O} = \tilde{\tilde{x}} \mp u_{1-(\alpha/2)} \ \frac{c_n \tilde{R}}{\tilde{a}_n \sqrt{n}} \ .$$

Bei einseitiger Abgrenzung nach unten bzw. oben gilt

$$(3.4.4) \quad \tilde{x}'_{U;O} = \tilde{\tilde{x}} \mp u_{1-\alpha} \ \frac{c_n \tilde{R}}{\tilde{a}_n \sqrt{n}} \ .$$

Man behält demnach auch hier den Aufbau der früher mit bekanntem Wertepaar $(\mu_1 \ ; \ \sigma_1)$ berechneten Eingriffsgrenzen bei und nimmt dafür in Kauf, daß die statistische Sicherheit $S = 1-\alpha$ und die Wirkungskennlinie $\tilde{W}(\lambda)$ der Karte sich ändern.

## 3.5 Die Wirkungskennlinie der $\bar{x}$-Karte bei einseitiger Abgrenzung unter Verwendung von $\tilde{\tilde{x}}$ und $\hat{\sigma}_{IV}$

Denkt man sich den Vorlauf zur Ermittlung der Schätzwerte $\tilde{\tilde{x}}$ für $\mu_0$ und $\tilde{R}/\tilde{a}_n$ für $\sigma_0$ mehrfach durchgeführt, so sind $\tilde{\tilde{x}}$ und $\tilde{R}$ Zufallsgrößen.

Zunächst gilt für $\tilde{x}_i$ ebenso wie in (2.5.2) und (2.5.3)

$$(3.5.1) \quad M\left\{\tilde{x}_i\right\} = \mu_0 \quad \text{und} \quad V\left\{\tilde{x}_i\right\} = \frac{\sigma_0^2}{n} c_n^2 \ .$$

Die Verteilung der Zentralwerte $\tilde{x}_i$ ist für $n \geq 3$ in guter Näherung normal. Für Mittelwert und Varianz von $\tilde{\tilde{x}}$ gilt infolgedessen weiter

$$(3.5.2) \quad M\left\{\tilde{\tilde{x}}\right\} = \mu_0$$

und

$$(3.5.3) \quad V\left\{\tilde{\tilde{x}}\right\} = \frac{1}{k} c_k^2 \ V\left\{\tilde{x}_i\right\} = \frac{\sigma_0^2}{kn} c_n^2 c_k^2 \ .$$

Zahlenwerte für $c_n$ bzw. $c_k$ sind aus Zahlentafel 2.5.1 ersichtlich.

Für Mittelwert und Varianz des Schätzwerts $\hat{\sigma}_{IV} = \tilde{R}/\tilde{\alpha}_n$ gilt nach (2.7.15) und (2.7.17)

$$(3.5.4) \qquad M\left\{\hat{\sigma}_{IV}\right\} = \sigma_0 \qquad \text{und} \qquad V\left\{\hat{\sigma}_{IV}\right\} = \frac{\sigma_0^{\,2}}{k}\, Q_{IV}^2(n)\,,$$

wobei $Q_{IV}(n)$ aus (2.7.19) hervorgeht. Beide Schätzwerte, $\tilde{\tilde{x}}$ für $\mu_0$ und $\hat{\sigma}_{IV}$ für $\sigma_0$, sind für eine genügend große Zahl $k$ der Einzelproben des Vorlaufs normal verteilt. Auch die einseitige obere Eingriffsgrenze entsprechend zu (3.4.4),

$$(3.5.5) \qquad \tilde{x}'_O \equiv y = \tilde{\tilde{x}} + u_{1-\alpha}\, \frac{c_n\,\tilde{R}}{\tilde{\alpha}_n\,\sqrt{n}} = \tilde{\tilde{x}} + u_{1-\alpha}\, \frac{c_n}{\sqrt{n}}\,\hat{\sigma}_{IV}\,,$$

wird mit $\tilde{\tilde{x}}$ und $\tilde{R}$ eine Zufallsgröße, die kurz mit $y$ bezeichnet werden soll und die in sehr guter Näherung normal verteilt ist. Sie hat den Mittelwert

$$(3.5.6) \qquad M\left\{y\right\} \equiv \eta = \mu_0 + u_{1-\alpha}\, \frac{c_n}{\sqrt{n}}\,\sigma_0\,.$$

Da $\tilde{x}_i$ und $R_i$ nur schwach miteinander korreliert sind, sind $\tilde{\tilde{x}}$ und $\tilde{R}$ als annähernd unkorreliert anzusehen, so daß die Kovarianz zwischen $\tilde{\tilde{x}}$ und $\tilde{R}$ verschwindet. Infolgedessen wird die Varianz von $y = \tilde{\tilde{x}} + \text{konst } \tilde{R}$ einfach

$$(3.5.7) \qquad V\left\{y\right\} \equiv \sigma_y^{\,2} = \frac{c_n^{\,2}}{kn}\,\sigma_0^{\,2}\left[\, c_k^2 + u_{1-\alpha}^2\, Q_{IV}^2(n)\,\right]\,.$$

Mit der statistischen Sicherheit $S = 1-\beta$ liegt $y$ im Zufallsbereich

$$(3.5.8) \qquad \eta - u_{1-(\beta/2)}\,\sigma_y \leqq y \leqq \eta + u_{1-(\beta/2)}\,\sigma_y\,.$$

$$\longleftarrow y'' \longrightarrow \qquad\qquad \longleftarrow y' \longrightarrow$$

Damit läßt sich der Einfluß des Vorlaufs $(\tilde{\tilde{x}}\,;\,\tilde{R})$ auf die Wirkungskennlinie $\tilde{W}(\lambda)$ der Karte abschätzen.

Praktisch führt man den Vorlauf nur einmal durch. Dabei findet man je einen ganz bestimmten Schätzwert $\tilde{\tilde{x}}$ für $\mu_0$ und $\tilde{R}/\tilde{\alpha}_n$ für $\sigma_0$. Mit diesen Werten berechnet man die Eingriffsgrenze $\tilde{x}'_O$ nach Gleichung (3.4.4). Mit dieser Grenze $\tilde{x}'_O$ läßt man die Kontrollkarte laufen. Beim Einsatz der $\tilde{x}$-Karte ist demnach weder $\tilde{\tilde{x}}$ noch $\tilde{R}$ noch $\tilde{x}'_O$ eine Zufallsgröße, sondern alle drei sind feste Werte, die mehr oder weniger von ihren Erwartungswerten $\mu_0$, $\tilde{\alpha}_n\sigma_0$ und $\eta = \mu_0 + u_{1-\alpha}c_n(\sigma_0/\sqrt{n})$ abweichen können. Jedoch liegt die aus dem Vorlauf berechnete Eingriffsgrenze mit der statistischen Sicherheit $S = 1-\beta$ in dem aus Gleichung (3.5.8) ersichtlichen Zufallsbereich $y'' \leqq y \leqq y'$.

Im gestörten Zustand liegt der Mittelwert der Fertigung bei $\mu = \mu_0 + \lambda\,\sigma_0 > \mu_0$ .

In diesem Falle wird die Annahmewahrscheinlichkeit der Hypothese $\mu = \mu_0$ gleich

$$(3.5.9) \qquad \widetilde{W} = \Phi(\tilde{u}_W) = \Phi\left[\frac{y - \mu}{c_n(\sigma_0/\sqrt{n})}\right].$$

Zweckmäßig berechnet man den zu $\widetilde{W}$ gehörenden standardisierten Wert $\tilde{u}_W$ ,

$$(3.5.10) \qquad \tilde{u}_W = \frac{y - \mu}{c_n(\sigma_0/\sqrt{n})} .$$

Setzt man hier $y = y'$ bzw. $y = y''$ aus (3.5.8) , $\eta$ aus (3.5.6) , $\sigma_y$ aus
(3.5.7) und $\mu = \mu_0 + \lambda\,\sigma_0$ ein, so fallen $\mu_0$ und $\sigma_0$ heraus. Es bleibt beim
Einsetzen von $y'$

$$(3.5.11) \qquad \tilde{u}'_W = u_{1-\alpha} - (\lambda\sqrt{n}/c_n) + \frac{1}{\sqrt{k}}\,u_{1-(\beta/2)}\sqrt{c_k^2 + u_{1-\alpha}^2\,Q_{IV}^2(n)}$$

und beim Einsetzen von $y''$

$$(3.5.12) \qquad \tilde{u}''_W = u_{1-\alpha} - (\lambda\sqrt{n}/c_n) - \frac{1}{\sqrt{k}}\,u_{1-(\beta/2)}\sqrt{c_k^2 + u_{1-\alpha}^2\,Q_{IV}^2(n)} .$$

Da $k \gtrless 25$ sein soll, darf man $c_k^2$ durch den für große $k$ geltenden Grenzwert
$\pi/2$ ersetzen. Dann wird die Wurzel in (3.5.11) und (3.5.12) unabhängig von k.

Im Wahrscheinlichkeitsnetz haben die zu $\tilde{u}'_W$ und $\tilde{u}''_W$ gehörenden Grenzgeraden
$\widetilde{W}'(\lambda)$ und $\widetilde{W}''(\lambda)$ von der mittleren Linie

$$(3.5.13) \qquad \tilde{u}^*_W = u_{1-\alpha} - (\lambda\sqrt{n}/c_n)$$

den (in Richtung der $u_W$-Achse gemessenen Abstand)

$$(3.5.14) \qquad \Delta\tilde{u}_W = \pm\,\frac{1}{\sqrt{k}}\,u_{1-(\beta/2)}\sqrt{\frac{\pi}{2} + \left(\frac{u_{1-\alpha}}{2\,\tilde{\alpha}_n\,\psi(\tilde{\alpha}_n)}\right)^2} \quad ,$$

wobei $Q_{IV}^2(n)$ aus (2.7.18) eingesetzt wurde.

Für die Probengröße $n = 5$ ist gemäß Zahlentafel 2.6.1
$$\tilde{\alpha}_5 = 2,257 \quad \text{und} \quad \psi(\tilde{\alpha}_5) = 0,457 .$$

Wählt man im Vorlauf wie in den früheren Beispielen $k = 25$ Proben der Größe
$n = 5$ , ferner $u_{1-\alpha} = 2,326$ und $u_{1-(\beta/2)} = 1,960$ , so findet man zahlenmäßig
aus (3.5.14)

$$(3.5.15) \qquad \Delta\tilde{u}_W = \pm\,0,662 .$$

An der Stelle  $\lambda = 0$  kann die Annahmewahrscheinlichkeit $\widetilde{W}(0)$  demnach vom angestrebten Wert  $S = 1-\alpha = 99\%$

nach oben bis zu     $\widetilde{W}'(0) = \Phi(2,326 + 0,662) = 99,9\%$ ,

nach unten bis zu    $\widetilde{W}''(0) = \Phi(2,326 - 0,662) = 95,2\%$     abweichen.

Ebenso wie im Abschnitt  3.2  bleibt auch hier der Einfluß der "Ungenauigkeit" der Schätzwerte  $\widetilde{\overline{x}}$  für  $\mu_0$  und  $\widetilde{R}/\widetilde{\alpha}_n$  für  $\sigma_0$  auf den Verlauf der Wirkungskennlinie  $\widetilde{W}(\lambda)$  der Kontrollkarte noch in erträglichen Grenzen, solange  k  "nicht zu klein" ist. Mit wachsender Zahl  k  der Einzelproben beim Vorlauf rücken die Grenzlinien  $W'(\lambda)$  und  $W''(\lambda)$  mit  $1/\sqrt{k}$  enger zusammen. Im übrigen gelten auch hier die Schlußbemerkungen des Abschnitts  3.2  sinngemäß.


## 3.6  Die $\widetilde{C}$-Faktoren; Warngrenzen; einseitige Eingriffsgrenzen

Bei der Berechnung der zweiseitigen Eingriffsgrenzen einer  $\widetilde{\overline{x}}$-Karte  mit Hilfe des Schätzwerts  $\hat{\sigma}_{IV} = \widetilde{R}/\widetilde{\alpha}_n$  für  $\sigma_0$  hat man  $\widetilde{R}$  nach (3.4.3)  mit dem Faktor

$$(3.6.1) \qquad u_{1-(\alpha/2)} \; \frac{c_n}{\widetilde{\alpha}_n \sqrt{n}} \; = \; \widetilde{C}(S ; n)$$

zu multiplizieren. Die Faktoren  $\widetilde{C} = \widetilde{C}(S ; n)$  sind von der statistischen Sicherheit  $S = 1-\alpha$  und der Probengröße  n  abhängig. Dabei wählt man entweder  $S = 1-\alpha = 99\%$  mit  $u_{1-(\alpha/2)} = 2,576$  und bezeichnet den Faktor mit  $\widetilde{C}_K$  oder man wählt  $u_{1-(\alpha/2)} = 3$  mit  $S = 99,7\%$  und bezeichnet den Faktor mit  $\widetilde{C}_2$ ,

$$(3.6.2) \quad \widetilde{C}(99\% ; n) = \widetilde{C}_K(n) = \widetilde{C}_K \; ; \; \widetilde{C}(99,7\% ; n) = \widetilde{C}_2(n) = \widetilde{C}_2 \; .$$

Auch die  $\widetilde{\overline{x}}$-Karte wird gelegentlich durch "Warngrenzen" ergänzt, die man entweder zur statistischen Sicherheit  $S_1 = 1-\alpha_1 = 0,95 = 95\%$  oder mit dem Faktor 2 als  $2\sigma\{\widetilde{\overline{x}}\}$ -Warngrenzen berechnet. Die Handhabung der Warngrenzen und die Deutung der Ergebnisse erfolgt wie im Abschnitt  3.3 .

Für die Probengröße  n = 5  mit  $\widetilde{\alpha}_5 = 2,257$  und  $c_5 = 1,198$  findet man die folgenden Zahlenwerte der Faktoren

|  | Warngrenzen | Eingriffsgrenzen | |
|---|---|---|---|
| Abgrenzung mit | $S_1 = 1-\alpha_1 = 95\%$ | $S = 1-\alpha = 99\%$ | $3\,\sigma\{\widetilde{\overline{x}}\}$ |
| $\widetilde{C}$ | $\widetilde{C}_W$ | $\widetilde{C}_K$ | $\widetilde{C}_2$ |
| $\widetilde{C}(5)$ | 0,465 | 0,611 | 0,712 |

Für andere n sind $\tilde{C}_W$ , $\tilde{C}_K$ und $\tilde{C}_2$ aus Zahlentafel 3.6.1 ersichtlich. Entsprechend zu Abb. 3.3.1 liegen die Warngrenzen für $S_1 = 95\%$ bei

$$(\mu_1 \text{ bzw. } \tilde{\bar{x}}) \pm \tilde{C}_W \tilde{R} \quad ,$$

die Eingriffsgrenzen für $S = 99\%$ bei

$$(\mu_1 \text{ bzw. } \tilde{\bar{x}}) \pm \tilde{C}_K \tilde{R} \quad ,$$

die $3\sigma\{\tilde{x}\}$ -Eingriffsgrenzen bei

$$(\mu_1 \text{ bzw. } \tilde{\bar{x}}) \pm \tilde{C}_2 \tilde{R} \quad .$$

| Zahlentafel 3.6.1 | | |
| --- | --- | --- |
| Die $\tilde{C}$-Faktoren zur Berechnung der Eingriffsgrenzen von $\tilde{x}$-Karten mit $\tilde{R}$ | | |
| Probengröße<br>n | Warngrenzen<br>$S_1 = 95\%$<br>mit $\tilde{C}_W$ | Eingriffsgrenzen | |
| | | $S = 99\%$<br>mit $\tilde{C}_K$ | $3\sigma\{\tilde{x}\}$ -Grenzen<br>mit $\tilde{C}_2$ |
| 2 | 1,460 | 1,919 | 2,235 |
| 3 | 0,825 | 1,084 | 1,263 |
| 4 | 0,541 | 0,711 | 0,828 |
| 5 | 0,465 | 0,611 | 0,712 |
| 6 | 0,368 | 0,484 | 0,564 |
| 7 | 0,339 | 0,446 | 0,519 |
| 8 | 0,288 | 0,379 | 0,441 |
| 9 | 0,274 | 0,361 | 0,420 |
| 10 | 0,241 | 0,317 | 0,369 |
| 11 | 0,233 | 0,307 | 0,357 |
| 12 | 0,210 | 0,276 | 0,321 |
| 13 | 0,204 | 0,268 | 0,312 |
| 14 | 0,186 | 0,245 | 0,285 |
| 15 | 0,183 | 0,240 | 0,280 |

Wenn nur einseitige Grenzen $\tilde{x}'_O$ nach oben bzw. $\tilde{x}'_U$ nach unten von praktischer Bedeutung sind, so verwendet man in der Praxis auch bei der $\tilde{x}$-Karte die gleichen Grenzen wie bei zweiseitiger Abgrenzung,

$$\tilde{x}'_O = \tilde{x}_O \quad \text{bzw.} \quad \tilde{x}'_U = \tilde{x}_U \quad ,$$

wie es für die $\bar{x}$-Karte bereits im Abschnitt 3.3 erwähnt worden ist. Man läßt also auf der Karte die jeweils nicht gebrauchte Grenze $\tilde{x}_U$ bzw. $\tilde{x}_O$ weg.

## 3.7 Zusammenfassung über Kontrollkarten zur Überwachung des Mittelwerts einer Fertigung

Je nachdem, ob die Kenngrößen der Fertigung (Mittelwert $\mu$ und Standardabweichung $\sigma$ ) als Sollwerte vorgegeben und damit bekannt sind, oder ob dafür aus einem Vorlauf berechnete Schätzwerte verwendet werden, ergeben sich für die Berechnung der Grenzen unterschiedliche Möglichkeiten. Beim Mittelwert hat man drei Möglichkeiten:

(1) $\mu = \mu_1$ ist als Sollwert vorgegeben ;

$\mu = \mu_0$ ist nicht bekannt und wird aus einem Vorlauf geschätzt durch

$$(2) \quad \bar{\bar{x}} = \frac{1}{k} \sum_{i=1}^{k} \bar{x}_i = \frac{1}{kn} \sum_{i=1}^{k} \sum_{\nu=1}^{n} x_{i\nu} \; ,$$

$$(3) \quad \tilde{\bar{x}} = \tilde{x}_{\left(\frac{k+1}{2}\right)} \; .$$

Bei der Standardabweichung hat man fünf Möglichkeiten:

(1) $\sigma = \sigma_1$ ist bekannt ;

$\sigma = \sigma_0$ ist nicht bekannt und wird aus einem Vorlauf geschätzt durch

$$(2) \quad \hat{\sigma}_{I} = s' = \sqrt{\bar{s}^2} \quad \text{mit} \quad \bar{s}^2 = \frac{1}{k} \sum_{i=1}^{k} s_i^2 = \frac{1}{k(n-1)} \sum_{i=1}^{k} \sum_{\nu=1}^{n} (x_{i\nu} - \bar{x}_i)^2 \; ;$$

$$(3) \quad \hat{\sigma}_{II} = \bar{s}/a_n \qquad \text{mit} \quad \bar{s} = \frac{1}{k} \sum_{i=1}^{k} s_i \; ;$$

$$(4) \quad \hat{\sigma}_{III} = \bar{R}/\alpha_n \qquad \text{mit} \quad \bar{R} = \frac{1}{k} \sum_{i=1}^{k} R_i \; ;$$

$$(5) \quad \hat{\sigma}_{IV} = \tilde{R}/\tilde{\alpha}_n \qquad \text{mit} \quad \tilde{R} = R_{\left(\frac{k+1}{2}\right)} \; ,$$

wie es im Abschnitt 2.6 erläutert worden ist.

Da man grundsätzlich jeden Mittelwert mit jeder Standardabweichung kombinieren kann, so gibt es $3 \cdot 5 = 15$ verschiedene Kontrollkarten, die man jedoch in der betrieblichen Praxis nicht alle verwendet. Die wichtigsten $\bar{x}$-Karten sind in der Uebersicht 3.7.1 zusammengestellt. Die wichtigsten $\tilde{x}$-Karten sind in der Uebersicht 3.7.2 enthalten.

Soll die Verschiebung des Mittelwerts $\mu$ der Fertigung nur nach oben (bzw. nach unten) verhindert werden, so läßt man die nicht benötigte untere (bzw. obere) Grenze weg. Dadurch ändert man die statistische Sicherheit von $S = 1-\alpha$ zu $S' = 1-(\alpha/2)$ , was zwar theoretisch nicht korrekt, aber praktisch ohne Bedeutung ist. Die Wirksamkeit aller Mittelwertkarten (d.h. ihre Fähigkeit, eine Mittelwertverschiebung um $\lambda\sigma$ von $\mu_1$ zu $\mu = \mu_1 + \lambda\sigma$ zu erkennen) kann hinreichend genau mit den im Abschnitt 2.3 und 2.4 gegebenen Kennlinien $W(\lambda|n\,;\,\alpha)$ beurteilt werden.

| Uebersicht 3.7.1 | | | |
|---|---|---|---|
| Mittelwertkarten ($\bar{x}$-Karten) zur Ueberwachung der Fertigungslage | | | |
| Mittel-linie | Grenzen berech-net mit | Warngrenzen | Eingriffsgrenzen | |
| | | $S_1 = 95\%$ | $S = 99\%$ | $3\,\sigma\{\bar{x}\}$ -Grenzen |
| $\mu_1$ | $\sigma_1$ | $\mu_1 \pm 1,96\,\dfrac{\sigma_1}{\sqrt{n}}$ | $\mu_1 \pm 2,58\,\dfrac{\sigma_1}{\sqrt{n}}$ | $\mu_1 \pm 3\,\dfrac{\sigma_1}{\sqrt{n}}$ |
| $\bar{\bar{x}}$ | $\sigma_1$ | $\bar{\bar{x}} \pm 1,96\,\dfrac{\sigma_1}{\sqrt{n}}$ | $\bar{\bar{x}} \pm 2,58\,\dfrac{\sigma_1}{\sqrt{n}}$ | $\bar{\bar{x}} \pm 3\,\dfrac{\sigma_1}{\sqrt{n}}$ |
| $\bar{\bar{x}}$ | $\bar{R}$ | $\bar{\bar{x}} \pm A_W\,\bar{R}$ | $\bar{\bar{x}} \pm A_K\,\bar{R}$ | $\bar{\bar{x}} \pm A_2\,\bar{R}$ |
| n Probengröße ; Zahlenwerte für $A_W$ , $A_K$ und $A_2$ siehe Zahlentafel 3.3.1 | | | |

| Uebersicht 3.7.2 | | | |
|---|---|---|---|
| Zentralwertkarten ($\tilde{x}$-Karten) zur Ueberwachung der Fertigungslage | | | |
| Mittel-linie | Grenzen berech-net mit | Warngrenzen | Eingriffsgrenzen | |
| | | $S_1 = 95\%$ | $S = 99\%$ | $3\,\sigma\{\tilde{x}\}$ -Grenzen |
| $\mu_1$ | $\sigma_1$ | $\mu_1 \pm 1,96\,\dfrac{c_n\sigma_1}{\sqrt{n}}$ | $\mu_1 \pm 2,58\,\dfrac{c_n\sigma_1}{\sqrt{n}}$ | $\mu_1 \pm 3\,\dfrac{c_n\sigma_1}{\sqrt{n}}$ |
| $\bar{\tilde{x}}$ | $\sigma_1$ | $\bar{\tilde{x}} \pm 1,96\,\dfrac{c_n\sigma_1}{\sqrt{n}}$ | $\bar{\tilde{x}} \pm 2,58\,\dfrac{c_n\sigma_1}{\sqrt{n}}$ | $\bar{\tilde{x}} \pm 3\,\dfrac{c_n\sigma_1}{\sqrt{n}}$ |
| $\bar{\tilde{x}}$ | $\tilde{R}$ | $\bar{\tilde{x}} \pm \tilde{C}_W\,\tilde{R}$ | $\bar{\tilde{x}} \pm \tilde{C}_K\,\tilde{R}$ | $\bar{\tilde{x}} \pm \tilde{C}_2\,\tilde{R}$ |
| n Probengröße ; Zahlenwerte für $\tilde{C}_W$ , $\tilde{C}_K$ und $\tilde{C}_2$ siehe Zahlentafel 3.6.1 | | | |

# 4. Mittelwertkarten bei vorgegebenen Toleranz-grenzen für die Fertigung

## 4.1 Die $\bar{x}$-Karte bei bekannter Standardabweichung $\sigma_1$

Gelegentlich ist bei einer Fertigung der Abstand $T_O - T_U$ der Toleranzgrenzen voneinander größer als $8\,\sigma_1$ ,

$$(4.1.1) \qquad \text{Toleranzbereich} = T_O - T_U \gtrsim 8\,\sigma_1 \ ,$$

wobei $\sigma_1$ die Standardabweichung der Fertigung (z.B. eine bekannte "Maschinenstreuung") ist (vgl. S. 25) . Dann wird man den im Vergleich zur "Fertigungsgenauigkeit" weiten Toleranzbereich ausnutzen und den Mittelwert $\mu$ nicht unbedingt auf Toleranzmitte $T_m = (T_O + T_U)/2$ halten. Vielmehr sind (mehr oder weniger große) Mittelwertverschiebungen von der Toleranzmitte $T_m$ aus nach oben und unten zulässig. Wandert der Mittelwert $\mu$ bei (nahezu) fester Varianz $\sigma_1^2$ mit der Zeit nach oben bzw. nach rechts, wie es in Abb. 4.1.1 angedeutet ist (Fertigung mit Gang oder Trend), so muß die Fertigung rechtzeitig angehalten und auf einen "neuen" Mittelwert eingestellt werden. Andernfalls

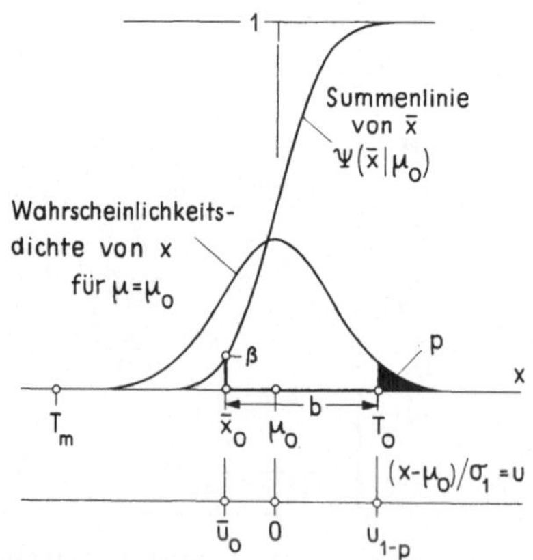


Abb. 4.1.1 Zur Berechnung der Eingriffsgrenze $T_O - b = \bar{x}_O$ für eine $\bar{x}$-Karte bei vorgegebenen Toleranzgrenzen.

würde ein mit der Zeit ständig wachsender Schlechtanteil p oberhalb $T_O$ entstehen. Die Umstellung der Fertigung soll vorgenommen werden, wenn nach Abb. 4.1.1 der Mittelwert $\mu$ bei $\mu_O$ liegt, wobei die Fertigung mit einem gerade noch zugelassenen (kleinen) Schlechtanteil p (z. B. $p = p_0 = 0,1\%$ oder $p = p_1 = 1\%$) läuft. Als "Indikator", daß dieser Zustand $(\mu_O \; ; p)$ erreicht ist, wird der Mittelwert $\bar{x}$ einer Zufallsprobe der Größe n gewählt. Die $\bar{x}$-Karte soll den Zustand $(\mu_O \; ; p)$ mit der Wahrscheinlichkeit $S = 1-\beta$ anzeigen. Während bei den bisherigen Kontrollkarten mit der Festlegung $S = 1-\alpha$ die Wahrscheinlichkeit vorgegeben wird, mit der in die ungestörte Fertigung nicht eingegriffen wird, ist hier mit der Festlegung von $1-\beta$ die Wahrscheinlichkeit vorgegeben, mit der in die gestörte Fertigung eingegriffen wird. Dann muß der Anteil $(1-\beta)$ der $\bar{x}$-Werte oberhalb der (gesuchten) oberen Eingriffsgrenze $\bar{x}_O$ liegen, wenn $\mu = \mu_O$ ist. In Abb. 4.1.1 ist $\Psi(\bar{x}|\mu_O)$ die Summenlinie der Prüfgröße $\bar{x}$ für $\mu = \mu_O$ . An der Stelle $\bar{x}_O$ hat $\Psi$ den Wert $\beta$ . Gesucht wird die Lage der oberen Eingriffsgrenze $\bar{x}_O$ , d. h. ihr Abstand b von der oberen Toleranzgrenze $T_O$ . Man entscheidet sich für die Hypothese $\mu \geq \mu_O$ und stellt die Fertigung um, wenn die Prüfgröße $\bar{x}$ den Schwellenwert $\bar{x}_O$ überschreitet.

Geht man in Abb. 4.1.1 für $\mu = \mu_O$ vom Ausgangsmerkmal x zu dem standardisierten Merkmal

$$(4.1.2) \qquad (x - \mu_O)/\sigma_1 = u$$

über, so gilt

$$(4.1.3) \qquad (T_O - \mu_O)/\sigma_1 = u_{1-p}$$

und

$$(4.1.4) \qquad (\bar{x}_O - \mu_O)/\sigma_1 = \bar{u}_O \; .$$

Der Schwellenwert $\bar{u}_O$ soll von der dimensionslosen Prüfgröße $\bar{u}$ ,

$$(4.1.5) \qquad \bar{u} = (\bar{x} - \mu_O)/\sigma_1 \, ,$$

mit der Wahrscheinlichkeit $S = 1-\beta$ überschritten werden. Da die Zufallsgröße $\bar{u}$ einer Normalverteilung mit dem Mittelwert $M\{\bar{u}\} = 0$ und der Varianz $V\{\bar{u}\} = 1/n$ genügt, so ist $\bar{u}_O$ festzulegen gemäß

$$(4.1.6) \qquad \bar{u}_O = \frac{u_\beta}{\sqrt{n}} = -\frac{u_{1-\beta}}{\sqrt{n}} \; .$$

Der Abstand $b$ folgt nach Abb. 4.1.1 aus

$$b = T_O - \bar{x}_O = (T_O - \mu_O) - (\bar{x}_O - \mu_O) \ .$$

Setzt man $T_O - \mu_O$ aus (4.1.3) und $\bar{x}_O - \mu_O$ aus (4.1.4) ein, so wird mit (4.1.6)

$$(4.1.7) \quad b = \left( u_{1-p} + \frac{u_{1-ß}}{\sqrt{n}} \right) \sigma_1 \ .$$

Die obere Eingriffsgrenze liegt demnach bei

$$(4.1.8) \quad \bar{x}_O = T_O - b \ .$$

Entsprechend ist an der unteren Toleranzgrenze $T_U$ die untere Eingriffsgrenze

$$(4.1.9) \quad \bar{x}_U = T_U + b \ .$$

Auch in Gleichung (4.1.7) kann man die Standardabweichung $\sigma_1$ durch einen der Schätzwerte $\hat{\sigma}_I$ bis $\hat{\sigma}_{IV}$ des Abschnitts 2.6 ersetzen, wenn sie nicht bekannt ist. Wählt man beispielsweise $\hat{\sigma}_{III} = \bar{R}/\alpha_n$ , so wird der Abstand

$$b = T_O - \bar{x}_O = |T_U - \bar{x}_U| \text{ gleich}$$

$$(4.1.10) \quad b = \left[ \left( u_{1-p} + \frac{u_{1-ß}}{\sqrt{n}} \right) \frac{1}{\alpha_n} \right] \bar{R} \ .$$

Wenn man den arithmetischen Mittelwert $\bar{x}$ der Zufallsprobe durch ihren Zentralwert $\tilde{x}$ ersetzt, so gelangt man zur $\tilde{x}$-Karte bei vorgegebenen Toleranzgrenzen. Die Eingriffsgrenzen für die Prüfgröße $\tilde{x}$ liegen bei $T_O - \tilde{b}$ bzw. $T_U + \tilde{b}$ . Es ist

$$(4.1.11) \quad \tilde{b} = \left( u_{1-p} + \frac{c_n u_{1-ß}}{\sqrt{n}} \right) \sigma_1 \ ,$$

wenn $\sigma = \sigma_1$ bekannt ist, und

$$(4.1.12) \quad \tilde{b} = \left[ \left( u_{1-p} + \frac{c_n u_{1-ß}}{\sqrt{n}} \right) \frac{1}{\tilde{\alpha}_n} \right] \tilde{R} \ ,$$

wenn die unbekannte Standardabweichung $\sigma = \sigma_0$ durch $\hat{\sigma}_{IV} = \tilde{R}/\tilde{\alpha}_n$ geschätzt wird. Die Herleitung der letzten drei Gleichungen sei dem Leser überlassen.

## 4.2 Die Wirkungskennlinie der $\tilde{x}$-Karte bei bekannter Standardabweichung $\sigma_1$

Zunächst sei das Verhalten der Kennlinie "in der Umgebung" der oberen Toleranzgrenze $T_O$ betrachtet. Liegt der Mittelwert $\mu$ der Fertigung bei

$$(4.2.1) \qquad \mu = \mu_O + \lambda \sigma_1 \, , \quad \lambda \neq 0 \, ,$$

so ändert sich die Wahrscheinlichkeit  W  eines Eingriffs mit  $\lambda$ . In dieser Lage des Mittelwerts ist die standardisierte Prüfgröße

$$(4.2.2) \qquad \frac{\bar{x} - \mu}{\sigma_1 / \sqrt{n}} = \bar{v}$$

standardisiert normal verteilt. Der bekannten festen Eingriffsgrenze  $\bar{x}_O$  wird nach  (4.2.2)  der standardisierte dimensionslose Schwellenwert

$$(4.2.3) \qquad \frac{\bar{x}_O - \mu}{\sigma_1 / \sqrt{n}} = \bar{v}_O$$

zugeordnet. Die Fertigung wird angehalten und umgestellt, wenn der beobachtete Probenmittelwert  $\bar{x} \geq \bar{x}_O$  ausfällt. Für die zu  $(\bar{x} \, ; \, \bar{x}_O)$  gehörenden standardisierten Größen  $(\bar{v} \, ; \, \bar{v}_O)$  muß infolgedessen gelten

$$(4.2.4) \qquad \bar{v} \geq \bar{v}_O \, .$$

Da  $\bar{v}$  standardisiert normal verteilt ist, so ist die Wahrscheinlichkeit  W  des Eingriffs

$$(4.2.5) \qquad W = 1 - \Phi(\bar{v}_O) \, .$$

Zur Berechnung von  $\bar{v}_O$  bildet man zunächst aus  (4.1.4)  und  (4.1.6)

$$(4.2.6) \qquad \bar{x}_O = \mu_O + \bar{u}_O \, \sigma_1 = \mu_O - u_{1-\beta} (\sigma_1 / \sqrt{n}) \, .$$

Setzt man  $\bar{x}_O$  aus dieser Gleichung und  $\mu$  aus  (4.2.1)  in  (4.2.3)  ein, so fallen  $\mu_O$  und  $\sigma_1$  heraus; es bleibt

$$(4.2.7) \qquad \bar{v}_O = -u_{1-\beta} - \lambda \sqrt{n} \quad .$$

Mit  $1 - \Phi(y) = \Phi(-y)$  wird aus  (4.2.5)  $W = \Phi(-\bar{v}_O)$  oder mit  (4.2.7)

$$(4.2.8) \qquad W = W(\lambda | n \, ; \, \beta) = \Phi(u_{1-\beta} + \lambda \sqrt{n}) \, .$$

Für  $\lambda = 0$  wird die Wahrscheinlichkeit für einen Eingriff $W(0|n \, ; \, \beta) = \Phi(u_{1-\beta})$ $= 1 - \beta$ , wie es sein muß. Für  $\lambda \to \infty$ , d.h. bei der Verschiebung des Mittelwerts  $\mu$  von  $\mu_O$  aus nach oben, gilt  $W \to 1$ . Für  $\lambda \to -\infty$ , d.h. bei Verschiebung des Mittelwerts  $\mu$  von  $\mu_O$  aus nach unten, gilt  $W \to 0$ . Abb. 4.2.1 zeigt den Verlauf der Kennlinien  $W(\lambda | n \, ; \, \beta)$  über dem Verschiebungsparameter

$$(4.2.9) \qquad \lambda = (\mu - \mu_O)/\sigma_1$$

für  $\beta = 5\%$  und  $n = 5$  bzw.  $n = 10$ .

Spiegelt man die Schar der Kennlinien  $W(\lambda|n\,;\,\text{ß})$  bei  $T_O$  an der Senkrechten durch die Toleranzmitte  $T_m = (T_O + T_U)/2$ , so findet man ihren Verlauf "in der Umgebung" der unteren Toleranzgrenze  $T_U$ .

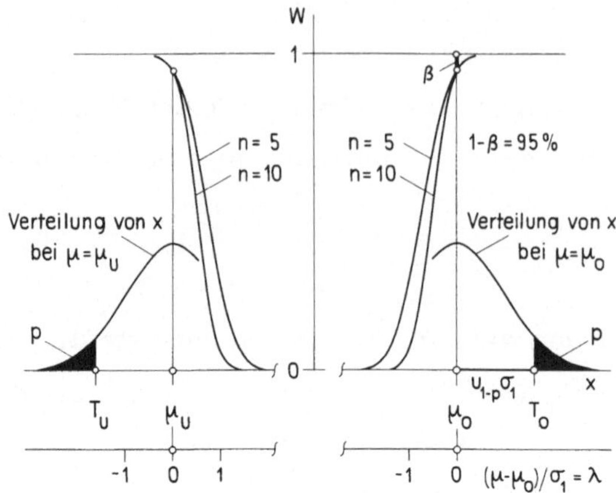


Abb. 4.2.1 Wirkungskennlinien einer  $\bar{x}$-Karte  für  ß = 5%
und  n = 5  bzw.  n = 10  bei vorgegebenen Toleranzgrenzen.

W  ist die Wahrscheinlichkeit, daß man sich für die Hypothese  $\mu \geqq \mu_O$  (bzw. $\mu \leqq \mu_U$)  entscheidet und die Fertigung auf einen neuen Mittelwert einstellt. Für $\mu \geqq \mu_O$  (bzw.  $\mu \leqq \mu_U$)  ist das die richtige Entscheidung, die nach  Abb. 4.2.1 mit  $W \geqq 1-\text{ß} = 95\%$ , also "fast sicher" , getroffen wird. Für  $\mu < \mu_O$  (bzw. $\mu > \mu_U$)  ist das die falsche Entscheidung. Ersichtlich besteht bei dieser Karte für  $\mu < \mu_O$  (bzw.  $\mu > \mu_U$)  eine merkliche, im Grunde nicht erwünschte Wahrscheinlichkeit, die Fertigung neu einzustellen, wenn es noch gar nicht erforderlich ist.

# 5. Kontrollkarten zur Überwachung der Streuung einer Fertigung; $\sigma_1$ ist der gegebene Wert der Standardabweichung („Sollwert")

Im Abschnitt 1.3 wurde erwähnt, daß in vielen Fällen die "Gleichmäßigkeit" einer Fertigung eine wichtige Qualitätseigenschaft darstellt. Je enger sich die Einzelwerte $x_\nu$ um ihren Mittelwert scharen, um so besser ist die Fertigung. Wie bisher sei die Verteilung der Merkmalwerte x (näherungsweise) eine Normalverteilung mit $\left[\text{dem Mittelwert } M\{x\} = \mu \text{ und}\right]$ der Varianz $V\{x\} = \sigma^2$. Die Standardabweichung $\sigma$ dieser Verteilung soll auf dem zugelassenen Wert $\sigma_1$, dem "Sollwert" gehalten werden. Wie im Abschnitt 2.1 gibt es auch hier drei Möglichkeiten:

(a)   nur das Auswandern der Standardabweichung nach oben zu $\sigma > \sigma_1$ soll erkannt werden,

(b)   nur das Auswandern der Standardabweichung nach unten zu $\sigma < \sigma_1$ soll erkannt werden,

(c)   das Auswandern der Standardabweichung nach beiden Seiten zu $\sigma \neq \sigma_1$ soll erkannt werden.

Meist ist nur der Fall (a) praktisch wichtig, da eine Fertigung mit zu geringer Varianz nicht beanstandet wird. Es gibt jedoch gelegentlich Fragestellungen, in denen auch die Fälle (b) und insbesondere (c) von Bedeutung sind. Wenn man eine Fertigung überwacht mit dem Ziel, die Variabilität der Merkmalwerte zu verkleinern, so muß man erkennen, wann im Vergleich zum bisherigen Zustand $\sigma_1$ eine kleinere Standardabweichung $\sigma < \sigma_1$ vorliegt. Wenn es gelingt, den dafür verantwortlichen Ursachenkomplex aufzudecken, so wird man versuchen, diese Ursachen ständig zu verwirklichen, damit $\sigma < \sigma_1$ bleibt. Im folgenden wird deshalb nach der einseitigen Fragestellung (a) auch die zweiseitige (c) kurz behandelt.

## 5.1 Die s-Karte; Eingriffsgrenzen

Wenn für das Merkmal  x  zweiseitige Toleranzgrenzen  $T_U$  und  $T_O$  vorgegeben sind, so muß für den "Sollwert"  $\sigma_1$  der Standardabweichung die Ungleichung

$$(5.1.1) \qquad \sigma_1 < (T_O - T_U)/6$$

gelten, damit überhaupt "fehlerfrei" gefertigt werden kann. Die Bedingung (5.1.1)
sei im folgenden erfüllt. Zur Ueberwachung der Standardabweichung  $\sigma$  benutzt
man als Prüfgröße oder Indikator entweder die Standardabweichung  s  oder die
Spannweite  R  von Proben der Größe  n . Im folgenden wird zunächst  s  gewählt
(s–Karte) .

Test der Hypothese  $\sigma = \sigma_1$  gegen  $\sigma > \sigma_1$ .

Statistisch gesehen testet man mit Hilfe von  s  laufend die Hypothese  $\sigma = \sigma_1$
(die Standardabweichung  $\sigma$  hat den vorgeschriebenen Wert  $\sigma_1$ )  gegen die Gegenhypothese  $\sigma > \sigma_1$  (die Standardabweichung ist nach oben ausgewandert). Auf
Grund der "beobachteten" Standardabweichung  s  der Probe muß man sich für
die Hypothese  $\sigma = \sigma_1$  oder für die Gegenhypothese  $\sigma > \sigma_1$  entscheiden. Dabei
stellt man die (bei allen Testverfahren übliche) Forderung, daß die Hypothese
$\sigma = \sigma_1$  nur mit der kleinen Wahrscheinlichkeit  $\alpha$  verworfen wird, wenn sie
gilt.

Man entnimmt der laufenden Fertigung in bestimmten Zeitabständen (z. B. stünd-
lich) eine Probe der Größe  n . Aus den  n  Einzelwerten  $x_1 ; x_2 ; \dots ; x_\nu ;$
$\dots ; x_n$  berechnet man in bekannter Weise die Varianz  $s^2$  der Probe,

$$(5.1.2) \qquad s^2 = \frac{1}{n-1} \sum_{\nu=1}^{n} (x_\nu - \bar{x})^2 ,$$

und daraus die Standardabweichung  s . In (5.1.2) ist  $\bar{x} = \sum_\nu x_\nu/n$  der Probenmittelwert. Wenn die Fertigung im Zeitpunkt der Probenahme mit der Standardabweichung  $\sigma = \sigma_1$  läuft, d.h. wenn die Hypothese  $\sigma = \sigma_1$  gilt, so liegen die
Standardabweichungen  s  aller möglichen Zufallsproben der Größe  n  mit der
Wahrscheinlichkeit  $S = 1-\alpha$  im einseitig nach oben abgegrenzten Zufallsbereich
für  s ,

$$(5.1.3) \qquad 0 < s \leq \sqrt{\chi^2_{f; 1-\alpha}/f}\; \sigma_1 ,$$

und mit der Wahrscheinlichkeit  $\alpha$  außerhalb. In Gleichung (5.1.3) ist  $\chi^2_{f; 1-\alpha}$

der Schwellenwert der $\chi_f^2$-Verteilung mit f Freiheitsgraden, der mit der Wahrscheinlichkeit $1-\alpha$ unterschritten wird. Hier gilt $f = n-1$ . Für $S = 1-\alpha = 99\%$ und $f = 1$ bis $14$ bzw. $n = 2$ bis $15$ sind die Faktoren

$$(5.1.4) \qquad s_O'/\sigma_1 = \sqrt{\chi_{f;1-\alpha}^2/f}$$

zur Berechnung der (einseitigen oberen) Eingriffsgrenze $s_O'$ nach (5.1.3) und

$$(5.1.5) \qquad s_U'/\sigma_1 = \sqrt{\chi_{f;\alpha}^2/f}$$

zur Berechnung der (einseitigen unteren) Eingriffsgrenze $s_U'$ aus Zahlentafel 5.1.1 ersichtlich.

| Zahlentafel 5.1.1 | | | | | | |
|---|---|---|---|---|---|---|
| **Faktoren zur Berechnung der Eingriffsgrenzen von<br>s-Karten mit $\sigma_1$** | | | | | | |
| Probengröße<br>n<br>( = f+1 ) | $S = 1-\alpha = 99\%$<br>einseitig nach | | zweiseitig nach | | $3\,\sigma\{s\} -$ Grenzen<br>nach | |
| | unten | oben | unten | oben | unten | oben |
| | $\sqrt{\chi_{f;\alpha}^2/f}$<br>$= s_U'/\sigma_1$ | $\sqrt{\chi_{f;1-\alpha}^2/f}$<br>$= s_O'/\sigma_1$ | $\sqrt{\chi_{f;\alpha/2}^2/f}$<br>$= s_U/\sigma_1$ | $\sqrt{\chi_{f;1-(\alpha/2)}^2/f}$<br>$= s_O/\sigma_1$ | $B_1(n)$<br>$= s_U/\sigma_1$ | $B_2(n)$<br>$= s_O/\sigma_1$ |
| 2 | 0,014 | 2,576 | 0 | 2,807 | 0 | 2,606 |
| 3 | 0,100 | 2,146 | 0,071 | 2,302 | 0 | 2,276 |
| 4 | 0,196 | 1,945 | 0,155 | 2,069 | 0 | 2,088 |
| 5 | 0,272 | 1,822 | 0,228 | 1,927 | 0 | 1,964 |
| 6 | 0,333 | 1,737 | 0,287 | 1,830 | 0,029 | 1,874 |
| 7 | 0,381 | 1,674 | 0,336 | 1,758 | 0,113 | 1,806 |
| 8 | 0,421 | 1,625 | 0,376 | 1,702 | 0,179 | 1,751 |
| 9 | 0,454 | 1,585 | 0,410 | 1,657 | 0,232 | 1,707 |
| 10 | 0,482 | 1,552 | 0,439 | 1,619 | 0,276 | 1,669 |
| 11 | 0,506 | 1,523 | 0,464 | 1,587 | 0,313 | 1,637 |
| 12 | 0,527 | 1,499 | 0,486 | 1,560 | 0,346 | 1,610 |
| 13 | 0,546 | 1,478 | 0,506 | 1,536 | 0,374 | 1,585 |
| 14 | 0,562 | 1,459 | 0,524 | 1,515 | 0,399 | 1,563 |
| 15 | 0,577 | 1,443 | 0,540 | 1,496 | 0,421 | 1,544 |

Gelegentlich wählt man auch hier zur Abgrenzung des Zufallsbereichs $3\,\sigma\{s\}$ - Grenzen für die Prüfgröße s . Mittelwert und Varianz von s sind durch

$$(5.1.6)\qquad M\{s\} = a_n\,\sigma_1 \qquad \text{und} \qquad V\{s\} = b_n^2\,\sigma_1^2$$

gegeben, wenn $\sigma = \sigma_1$ ist. Infolgedessen liegt die obere $3\,\sigma\{s\}$-Eingriffsgrenze jetzt bei

$$(5.1.7)\qquad s_O = (a_n + 3\,b_n)\,\sigma_1 = B_2(n)\,\sigma_1 \ .$$

Die Faktoren $B_2(n) = a_n + 3\,b_n$ entnimmt man in Abhängigkeit von der Probengröße n aus Zahlentafel 5.1.1 .

Die s-Karte wird sinngemäß ebenso gehandhabt wie die früher beschriebenen Mittelwertkarten . Man trägt die beobachtete Standardabweichung s laufend in eine Kontrollkarte ein. Auf dieser Karte wird die obere Eingriffsgrenze $s'_O$ vermerkt. Wenn die Standardabweichung s der Probe die Eingriffsgrenze $s'_O$ nicht überschreitet, so entscheidet man sich für die Hypothese $\sigma = \sigma_1$ . Man läßt die Fertigung weiter laufen. Ist jedoch $s > s'_O$ , so verwirft man die Hypothese $\sigma = \sigma_1$ und entscheidet sich für die Gegenhypothese $\sigma > \sigma_1$ . Die Standardabweichung der Fertigung ist zu groß ; man sollte jetzt die Fertigung anhalten und nach der Ursache dieser Vergrößerung suchen.

Test der Hypothese $\sigma = \sigma_1$ gegen $\sigma \neq \sigma_1$ .

Im folgenden wird die eingangs erwähnte "zweiseitige" Fragestellung (c) noch kurz erörtert. Wenn das Auswandern der Standardabweichung nach oben und unten zu $\sigma \neq \sigma_1$ von der Karte angezeigt werden soll, so liegt die untere "Eingriffsgrenze" für s bei $s_U$ ,

$$(5.1.8)\qquad s_U = s_{\alpha/2} = \sqrt{\chi^2_{f;\,\alpha/2}/f}\ \ \sigma_1 \ ,$$

und die obere bei $s_O$ ,

$$(5.1.9)\qquad s_O = s_{1-(\alpha/2)} = \sqrt{\chi^2_{f;\,1-(\alpha/2)}/f}\ \ \sigma_1 \ ,$$

wobei $S = 1-\alpha = 99\%$ bzw. $\alpha = 1\%$ gewählt wird. Zahlenwerte für die Faktoren $\sqrt{\chi^2_{f;\,\alpha/2}/f}$ und $\sqrt{\chi^2_{f;\,1-(\alpha/2)}/f}$ gehen aus Zahlentafel 5.1.1 hervor.

Entscheidet man sich bei zweiseitiger Fragestellung für $3\,\sigma\{s\}$-Grenzen nach oben und unten, so bleibt die obere Eingriffsgrenze im Vergleich zu (5.1.7) ungeändert,

$$(5.1.10) \quad s_O = B_2(n) \, \sigma_1 \, ;$$

die untere Eingriffsgrenze $s_U$ wird

$$(5.1.11) \quad s_U = B_1(n) \, \sigma_1 = \begin{cases} (a_n - 3 b_n) \, \sigma_1 & \text{für } a_n > 3 b_n \\ 0 & \text{sonst.} \end{cases}$$

Die Karte mit unterer und oberer Eingriffsgrenze wird sinngemäß ebenso gehandhabt wie die Karte mit nur einer oberen Eingriffsgrenze.


## 5.2  Die Wirkungskennlinie der s-Karte bei einseitiger Abgrenzung nach oben

Die Bemerkungen am Anfang des Abschnitts 2.2 über Fehlentscheidungen erster und zweiter Art gelten sinngemäß auch hier. Gesucht wird die Wirkungskennlinie der s-Karte , d.h. die Wahrscheinlichkeit $W$ , mit der man sich für die Hypothese $\sigma = \sigma_1$ entscheidet. Mit Hilfe dieser Operations-Charakteristik läßt sich beurteilen, wie wirksam die Karte eine Vergrößerung der Streuung anzeigt.

Die Verteilung der Prüfgröße $s$ im "Sollzustand" $\sigma = \sigma_1$ ist in Abb. 5.2.1

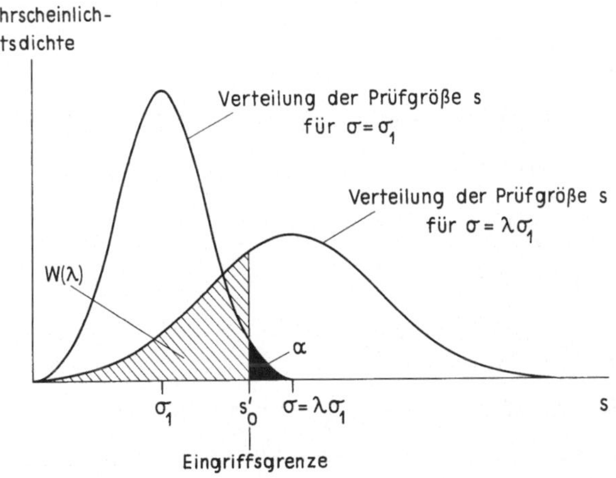


Abb. 5.2.1 Die Verteilung der Prüfgröße $s$ für $\sigma = \sigma_1$ und $\sigma = \lambda \, \sigma_1$ mit $\lambda > 1$ ; einseitige Abgrenzung nach oben.

angedeutet. Vergrößert sich die Standardabweichung zu

$$(5.2.1) \qquad \sigma = \lambda\, \sigma_1 \ ; \quad \lambda > 1 \ ;$$

wobei $\lambda$ der Vergrößerungsfaktor ist, so rückt die Verteilung der Prüfgröße s nach rechts (und flacht sich gleichzeitig ab), wie es in Abb. 5.2.1 dargestellt ist. Man entscheidet sich in dieser Lage (irrtümlich) für die Hypothese $\sigma = \sigma_1$, wenn $s \leqq s'_O$ beobachtet wird. Mithin ist die gesuchte Wahrscheinlichkeit W gleich der Wahrscheinlichkeit, daß $s \leqq s'_O$ ist, wenn die Fertigung mit der Standardabweichung $\sigma$ läuft,

$$(5.2.2) \qquad W = W\left\{ s \leqq s'_O \,\middle|\, \sigma \right\} \ .$$

Da der Uebergang von der Standardabweichung $s > 0$ zur Varianz $s^2 > 0$ eine monotone Transformation darstellt, so gilt auch

$$(5.2.3) \qquad W = W\left\{ s^2 \leqq s'^2_O \,\middle|\, \sigma \right\} \ .$$

Bei gegebenem $\sigma$ genügen die Quotienten $s^2/\sigma^2 = \chi_f^2/f$ einer $(\chi_f^2/f)$-Verteilung; also ist

$$(5.2.4) \qquad \frac{s^2}{\sigma^2} = \frac{\chi_f^2}{f} \qquad \text{oder} \qquad s^2 = \frac{\chi_f^2}{f}\, \sigma^2 \ .$$

Die Bedingung $s^2 \leqq s'^2_O$ wird mit (5.2.4)

$$(5.2.5) \qquad \chi_f^2 \leqq f\, \frac{s'^2_O}{\sigma^2} \ .$$

Setzt man hier $s'^2_O$ aus (5.1.4) bzw. (5.1.3) und $\sigma = \lambda\, \sigma_1$ aus (5.2.1) ein, so fällt $\sigma_1^2$ heraus. Es bleibt

$$(5.2.6) \qquad \chi_f^2 \leqq \chi_{f;1-\alpha}^2 / \lambda^2 \ .$$

Damit wird aus (5.2.3)

$$(5.2.7) \qquad W = W\left\{ \chi_f^2 \leqq \chi_{f;1-\alpha}^2 / \lambda^2 \right\} \ .$$

Bezeichnet man die Summenfunktion der $\chi_f^2$-Verteilung für f Freiheitsgrade mit $\Psi_f(\chi_f^2)$, so folgt aus (5.2.7) für $W = W(\lambda|n\,;\alpha)$ die Beziehung

$$(5.2.8) \qquad W = W(\lambda|n\,;\alpha) = \Psi_f(\chi_{f;1-\alpha}^2 / \lambda^2) \ \text{mit} \ f = n-1 \ .$$

Bei gegebenen Werten der statistischen Sicherheit $S = 1-\alpha$ und der Probengröße n ist der Schwellenwert $\chi_{f;1-\alpha}^2$ der $\chi_f^2$-Verteilung bekannt. W wird dann eine

Funktion des Vergrößerungsfaktors $\lambda = \sigma/\sigma_1$ . Für $\lambda = 1$ bzw. $\sigma = \sigma_1$ ist

$$(5.2.9) \quad W(1|n\,;\,\alpha) = \Psi_f(\chi^2_{f;1-\alpha}) = 1-\alpha \,,$$

wie es sein muß. Für $\lambda > 1$ bzw. $\sigma > \sigma_1$ ist es falsch, sich für die Hypothese
$\sigma = \sigma_1$ zu entscheiden. Für $\lambda > 1$ ist $W(\lambda)$ demnach die Wahrscheinlichkeit,
daß die s-Karte die Vergrößerung der Standardabweichung von $\sigma_1$ zu $\sigma$ (bei
der ersten Probe nach der Störung) nicht anzeigt. Mit anderen Worten: $W(\lambda)$
ist für $\lambda > 1$ die Wahrscheinlichkeit für eine Fehlentscheidung zweiter Art, (auf
Grund der gezogenen Probe schließt man auf $\sigma = \sigma_1$ , obwohl $\sigma > \sigma_1$ ist).

<u>Berechnung einer Kennlinie $W(\lambda|n\,;\,\alpha)$</u> für eine  s-Karte  mit einseitiger
oberer Eingriffsgrenze $s_O'$ zur statistischen Sicherheit $S = 1-\alpha = 99\%$ .

Es sei $\alpha = 1\%$ und $n = 5$ , d.h. $f = 4$ mit $\chi^2_{f;1-\alpha} = 13,28$ . Berechnet man
in Zahlentafel 5.2.1 zu einem vorgegebenen Wert des Vergrößerungsfaktors $\lambda$

| Zahlentafel 5.2.1 | | |
|:---:|:---:|:---:|
| zur Berechnung der Kennlinie $W(\lambda)$ einer s-Karte für $n = 5$ . | | |
| (1) | (2) | (3) |
| $\lambda = \sigma/\sigma_1$ | $\chi^2_{f;W} = \chi^2_{f;1-\alpha}/\lambda^2$ | $\Psi_f(\chi^2_{f;W}) = W\,[\%]$ |
| 0,85 | 18,47 | 99,9 |
| 0,95 | 14,86 | 99,5 |
| 1,00 | 13,28 | 99 |
| 1,09 | 11,14 | 97,5 |
| 1,18 | 9,49 | 95 |
| 1,31 | 7,78 | 90 |
| 1,49 | 5,99 | 80 |
| 1,81 | 4,04 | 60 |
| 2,20 | 2,75 | 40 |
| 2,84 | 1,65 | 20 |
| 3,53 | 1,06 | 10 |
| 4,32 | 0,71 | 5 |
| 5,24 | 0,48 | 2,5 |
| 6,68 | 0,30 | 1 |
| 8,01 | 0,21 | 0,5 |
| 12,09 | 0,091 | 0,1 |

über das Argument $\chi^2_{f;1-\alpha}/\lambda^2 = \chi^2_{f;W}$ von $\Psi_f$ die zugeordnete Wahrscheinlichkeit $W$ , so muß man in einer Tafel für die Summenfunktion $\Psi_f$ der $\chi^2_f$-Ver-
teilung interpolieren. Um diesen lästigen Rechenaufwand zu vermeiden, rechnet

man in  Zahlentafel 5.2.1  nicht von Spalte  (1)  über  (2)  zu  (3) , sondern in umgekehrter Richtung. Man gibt sich in Spalte  (3)  und  (2)  vertafelte Wertepaare  $(W ; \chi^2_{f;W})$  vor und berechnet  $\lambda$  für Spalte  (1)  aus der Gleichung

$$(5.2.10) \quad \lambda = \sqrt{\chi^2_{f;1-\alpha}/\chi^2_{f;W}} = \sqrt{13,28/\chi^2_{f;W}} \; .$$

Das Ergebnis der Rechnung ist in  Abb.  5.2.2  dargestellt. Verdoppelt sich beispielsweise die Standardabweichung  $\sigma$  von  $\sigma_1$  zu  $2\sigma_1$ , so findet man bei  $\lambda = 2$  die Wahrscheinlichkeit  $W \approx 50\%$ . Die Vergrößerung der Standardabweichung  $\sigma$  von  $\sigma_1$  zu  $2\sigma_1$  wird also bei der ersten Probe nach der Störung mit der Wahrscheinlichkeit  $W \approx 1/2$  nicht erkannt und mit der Wahrscheinlichkeit  $1-W \approx 1/2$  erkannt. Wenn man aus fertigungstechnischen Gründen die Vergrößerung der Standardabweichung  $\sigma$  von  $\sigma_1$  zu  $2\sigma_1$  verhindern muß, so reicht die Wirksamkeit einer  s-Karte  mit der Probengröße  n = 5  dazu nicht aus. Die Wahrscheinlichkeit, diese Störung nicht zu erkennen, ist mit  $W \approx 1/2$  noch viel zu groß. Dagegen gelten nach Abb. 5.2.2  für  $\sigma = 4\sigma_1$  oder  $\lambda = 4$  die Werte  $W \approx 6\%$  und  $1-W \approx 94\%$ . Erst die vierfache Standardabweichung wird von der s-Karte  "fast sicher" angezeigt, wenn die Probengröße  n = 5  ist.

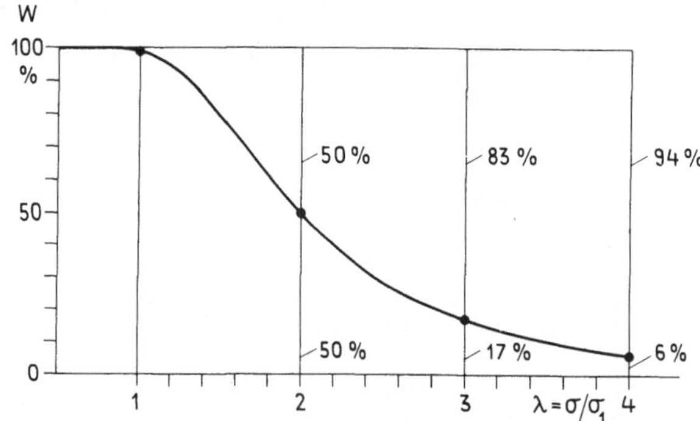


Abb.  5.2.2  Die Wirkungskennlinie  $W(\lambda | n ; \alpha)$  der  s-Karte  für  $\alpha = 1\%$ und n = 5 in Abhängigkeit vom Vergrößerungsfaktor  $\lambda = \sigma/\sigma_1$  bei einseitiger Abgrenzung nach oben.

Ebenso wie bei den Mittelwertkarten läßt sich die Wirksamkeit der  s-Karte erheblich verbessern, wenn man der Fertigung größere Proben entnimmt. In Abb. 5.2.3  ist die Schar  $W(\lambda | n ; \alpha = 1\%)$  der Kennlinien in Abhängigkeit von  $\lambda$ für verschiedene Werte von  n  dargestellt.  Abb.  5.2.4  zeigt die gleiche Kurvenschar im Wahrscheinlichkeitsnetz.

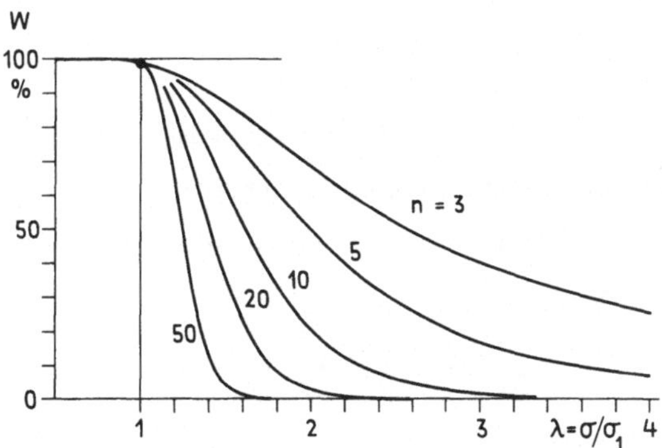

Abb. 5.2.3 Die Schar der Wirkungskennlinien $W(\lambda|n\,;\,\alpha=1\%)$ der s-Karte in Abhängigkeit vom Vergrößerungsfaktor $\lambda = \sigma/\sigma_1$ und der Probengröße n bei einseitiger Abgrenzung nach oben.

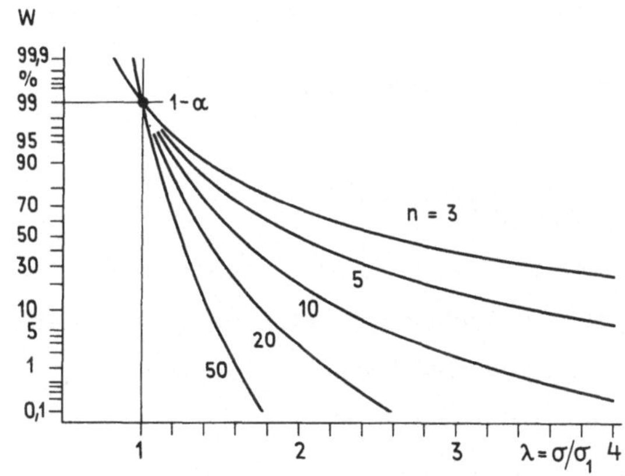

Abb. 5.2.4 Die Kurvenschar $W(\lambda|n\,;\,\alpha=1\%)$ der Abbildung 5.2.3 im Wahrscheinlichkeitsnetz.

Die Wirksamkeit $W(\lambda|n)$ der s-Karte bei $3\,\sigma\{s\}$-Grenzen für s.

Wenn man anstelle der 99%-Grenze $s_O' = s_{1-\alpha}$ nach (5.1.4) die $3\,\sigma\{s\}$-Grenze $s_O$ nach (5.1.7) wählt, so bleiben die vorausgehenden Ueberlegungen zur Berechnung der Wirkungskennlinie der s-Karte ungeändert. Man hat nur den Faktor $\sqrt{\chi^2_{f;1-\alpha}/f}$ durch den Faktor $B_2(n)$ bzw. $\chi^2_{f;1-\alpha}$ durch $f\,B_2^2(n)$ zu ersetzen. Aus (5.2.8),

$$W = \Psi_f(\,\chi^2_{f;1-\alpha}/\lambda^2)$$

folgt dann mit $f = n-1$

$$(5.2.11) \quad W = W(\lambda|n) = \Psi_f \left[ (n-1) B_2^2(n)/\lambda^2 \right] ,$$

wobei $\Psi_f$ ebenso wie in (5.2.8) die Summenfunktion der $\chi_f^2$-Verteilung mit $f = n-1$ Freiheitsgraden bedeutet. Im Gegensatz zu (5.2.9) ist die Irrtums-wahrscheinlichkeit $\alpha$ an der Stelle $\lambda = 1$ bzw. $\sigma = \sigma_1$ nicht fest, sondern hat den von $n$ abhängigen Wert

$$(5.2.12) \quad 1 - W(1|n) = 1 - \Psi_f \left[ (n-1) B_2^2(n) \right] = \alpha'(n) .$$

Für $n = 5$ ist beispielsweise

$$(n-1) B_2^2(n) = 4 \cdot 1,964^2 = 15,43$$

und

$$\alpha'(5) = 1 - \Psi_4(15,43) \approx 4,0\%o .$$

Für $n = 10$ hat man

$$(n-1) B_2^2(n) = 9 \cdot 1,669^2 = 25,07$$

und

$$\alpha'(10) = 1 - \Psi_9(25,07) \approx 3,0\%o .$$

Da sich die Verteilung der Prüfgröße s mit wachsender Probengröße n einer Normalverteilung nähert, so strebt die Irrtumswahrscheinlichkeit $\alpha'(n)$ schließ-lich gegen den für die Normalverteilung geltenden Grenzwert

$$\alpha'(n) \rightarrow 1,4\%o \quad \text{für} \quad n \rightarrow \infty .$$

Im Wahrscheinlichkeitsnetz der Abb. 5.2.5 ist die Schar der Wirkungskennli-nien $W(\lambda|n)$ einer s-Karte in Abhängigkeit vom Vergrößerungsfaktor $\lambda = \sigma/\sigma_1$ und der Probengröße n dargestellt, wenn die Karte einseitig mit einer oberen $3\sigma\{s\}$-Grenze für die Prüfgröße s ausgestattet ist. Die Unterschiede zwi-schen der Kurvenschar $W(\lambda|n ; \alpha=1\%)$ aus Abb. 5.2.4 und der Kurvenschar $W(\lambda|n)$ aus Abb. 5.2.5 sind für die Leistungsfähigkeit der s-Karte nicht wesentlich.

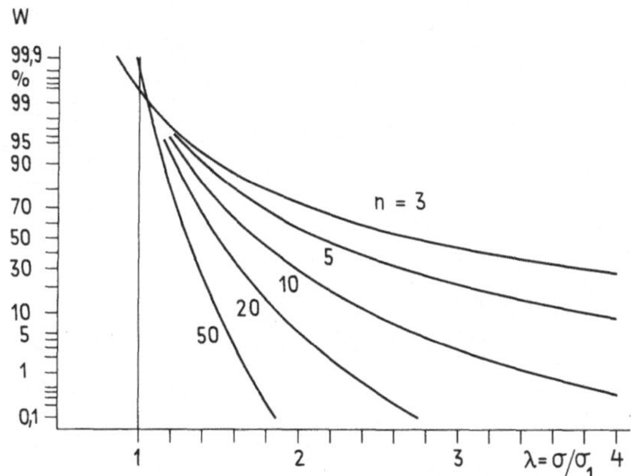


Abb. 5.2.5 Die Schar der Wirkungskennlinien $W(\lambda|n)$ der s-Karte in Abhängigkeit vom Vergrößerungsfaktor $\lambda = \sigma/\sigma_1$ und der Probengröße n bei einseitiger Abgrenzung nach oben (3 $\sigma\{s\}$ -Grenzen $s_O$ für s).

<u>Berechnung der Probengröße n zu gegebenem $\lambda = \sigma/\sigma_1$ und $W(\lambda) = \beta$ .</u>

Will man eine vorgegebene "Vergrößerung" $\lambda$ der Standardabweichung $\sigma$ von $\sigma_1$ zu $\lambda\sigma_1$ bei der ersten Probe nach der Störung mit der vorgegebenen nahe bei 1 gelegenen Wahrscheinlichkeit $1-W = 1-\beta$ erkennen, so muß gelten $W = \beta$ und mit (5.2.8)

$$(5.2.13) \qquad \beta = \Psi_f(\chi^2_{f;\beta}) = \Psi_f\left(\chi^2_{f;1-\alpha}/\lambda^2\right) \quad ; \qquad f = n-1 \; ;$$

oder

$$(5.2.14) \qquad \lambda^2\,\chi^2_{f;\beta} = \chi^2_{f;1-\alpha} \quad .$$

Bei gegebenem $\alpha$ , $\beta$ und $\lambda$ ist (5.2.14) eine Bestimmungsgleichung für $f = n-1$ , die man mit Hilfe einer Tafel der $\chi^2_f$-Verteilung löst. Beispielsweise findet man für $\alpha = 1\%$ ; $\beta = 5\%$ und $\lambda = 2$ die Bedingung

$$(5.2.15) \qquad 4\,\chi^2_{f;5\%} = \chi^2_{f;99\%} \quad .$$

Mit Hilfe von Zahlentafel 5.2.2 findet man $f = 16$ bzw. $n = 17$ . Eine Probe der Größe $n = 17$ genügt der eingangs genannten Forderung. In welcher Weise n von $\alpha$ , $\beta$ und $\lambda$ abhängt, ist hier nicht so einfach zu übersehen, wie im Abschnitt 2.2 bei der $\bar{x}$-Karte .

<table>
<tr><td colspan="4" align="center">Zahlentafel  5.2.2<br><br>zur Lösung der Gleichung  (5.2.15)</td></tr>
<tr><td align="center">$f = n-1$</td><td align="center">$\chi^2_{f;5\%}$</td><td align="center">$4\,\chi^2_{f;5\%}$</td><td align="center">$\chi^2_{f;99\%}$</td></tr>
<tr><td align="center">⋮</td><td align="center">⋮</td><td align="center">⋮</td><td align="center">⋮</td></tr>
<tr><td align="center">15</td><td align="center">7,26</td><td align="center">29,04</td><td align="center">30,6</td></tr>
<tr><td align="center">16</td><td align="center">7,96</td><td align="center">31,84</td><td align="center">32,0</td></tr>
<tr><td align="center">17</td><td align="center">8,67</td><td align="center">34,68</td><td align="center">33,4</td></tr>
<tr><td align="center">⋮</td><td align="center">⋮</td><td align="center">⋮</td><td align="center">⋮</td></tr>
</table>

## 5.3 Die Wirkungskennlinie der s-Karte bei zweiseitiger Abgrenzung

Zur Berechnung der Wirksamkeit  W  setzt man (wie früher)  $\sigma = \lambda\,\sigma_1$ , wobei $\lambda$ jetzt größer oder kleiner als 1 ist, je nachdem, ob  $\sigma > \sigma_1$  oder  $\sigma < \sigma_1$  gilt. Ebenso wie im Abschnitt  5.2  genügen bei gegebenem  $\sigma$  die Quotienten $s^2/\sigma^2 = \chi^2_f/f$  einer  $(\chi^2_f/f)$–Verteilung . Man entscheidet sich für die Hypothese  $\sigma = \sigma_1$ , wenn die beobachtete Standardabweichung  s  zwischen den Eingriffsgrenzen  $s_U$  und  $s_O$  oder die beobachtete Varianz  $s^2$  zwischen  $s^2_U$  und  $s^2_O$  liegt, d.h. wenn gilt

$$(5.3.1) \qquad s^2_U \le s^2 \le s^2_O \; .$$

Die Bedingung  (5.3.1)  ist gleichwertig mit

$$(5.3.2) \qquad \frac{s^2_U}{\sigma^2} \le \frac{s^2}{\sigma^2} \le \frac{s^2_O}{\sigma^2} \; .$$

Wegen  $s^2/\sigma^2 = \chi^2_f/f$  wird daraus

$$(5.3.3) \qquad \frac{f\,s^2_U}{\sigma^2} \le \chi^2_f \le \frac{f\,s^2_O}{\sigma^2} \; .$$

Setzt man hier  $s_U$  aus (5.1.8) ,  $s_O$  aus (5.1.9)  und  $\sigma = \lambda\,\sigma_1$  ein, so fällt $\sigma_1^2$  heraus; es bleibt

$$(5.3.4) \qquad \chi^2_{f;\alpha/2}/\lambda^2 \le \chi^2_f \le \chi^2_{f;1-(\alpha/2)}/\lambda^2 \; .$$

Die gesuchte Wahrscheinlichkeit  W  ist demnach gleich der Wahrscheinlichkeit, mit der die Zufallsgröße  $\chi_f^2$  der Bedingung  (5.3.4)  genügt.

Ist  $\Psi_f(\chi_f^2)$  (wie früher) die Summenfunktion der  $\chi_f^2$-Verteilung  mit  f  Freiheitsgraden, so folgt aus  (5.3.4)  die gesuchte Wahrscheinlichkeit  W  zu

$$(5.3.5) \qquad W = \Psi_f\left(\chi^2_{f;1-(\alpha/2)}/\lambda^2\right) - \Psi_f\left(\chi^2_{f;\alpha/2}/\lambda^2\right) .$$

Auch bei zweiseitiger Abgrenzung ist  W  abhängig von der Wahrscheinlichkeit  $\alpha$  für eine Fehlentscheidung erster Art, von der Probengröße  n = f+1  und dem dimensionslosen Parameter  $\lambda = \sigma/\sigma_1$ , der die "Abweichung" der Standardabweichung  $\sigma$  vom "Sollwert"  $\sigma_1$  kennzeichnet. Bei gegebenen Werten von  $\alpha$  und  f = n-1  wird  W  eine Funktion von  $\lambda$ ,

$$(5.3.6) \qquad W = W(\lambda|n ; \alpha) .$$

Für  $\lambda = 1$  bzw.  $\sigma = \sigma_1$  ist

$$W(1|n ; \alpha) = \Psi_f\left(\chi^2_{f;1-(\alpha/2)}\right) - \Psi_f\left(\chi^2_{f;\alpha/2}\right)$$

$$(5.3.7)$$

$$= \left[1 - (\alpha/2)\right] - (\alpha/2) = 1-\alpha ,$$

wie es sein muß.

In  Abb.  5.3.1  ist der Verlauf der Funktion  $W(\lambda|n ; \alpha)$  für  n = 5  und  $\alpha = 1\%$  in der Umgebung von  $\lambda = 1$  bzw.  $\sigma = \sigma_1$  dargestellt. Ersichtlich liegt das

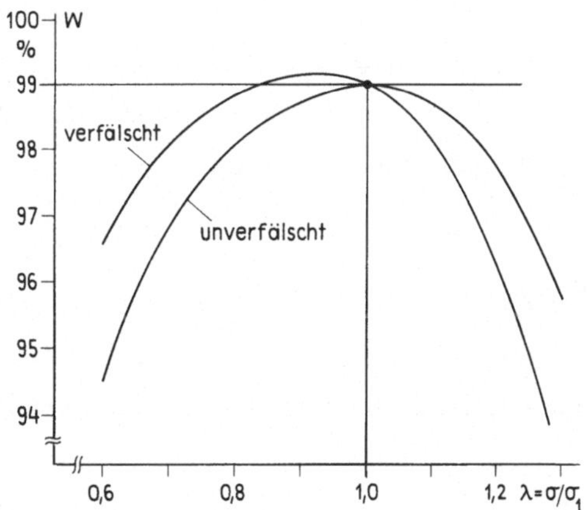


Abb.  5.3.1  Der Verlauf der Wirkungskennlinie  $W(\lambda|n ; \alpha)$  der s-Karte für  n = 5  und  $\alpha = 1\%$  (zweiseitige Abgrenzung) in der Umgebung von  $\lambda = 1$ .

Maximum von $W(\lambda|n\,;\alpha)$ nicht an der Stelle $\lambda = 1$. Die Wahrscheinlichkeit, sich für die Hypothese $\sigma = \sigma_1$ zu entscheiden, ist also für manche $\sigma < \sigma_1$ (wo sie nicht gilt) größer als an der Stelle $\sigma = \sigma_1$ (wo sie gilt). Ein solcher Test heißt verfälscht (verzerrt). Durch eine geeignete Aufteilung der vorgegebenen Irrtumswahrscheinlichkeit $\alpha$ in $\alpha'$ an der unteren und $\alpha''$ an der oberen Eingriffsgrenze mit

$$(5.3.8) \qquad \alpha' + \alpha'' = \alpha$$

läßt sich diese unerwünschte Eigenschaft des Prüfverfahrens beseitigen, was ausführlich im folgenden Abschnitt gezeigt wird.


## 5.4  Der unverfälschte Test der Hypothese $\sigma = \sigma_1$ gegen $\sigma \neq \sigma_1$ mit Hilfe der s-Karte

Wenn der Test nicht verfälscht sein soll, so muß das Maximum der Wirkungskennlinie $W(\lambda|n\,;\alpha'\,;\alpha'')$ an der Stelle $\lambda = 1$ liegen. Für die bisher benutzten dimensionslosen Eingriffsgrenzen $s_U/\sigma_1$ und $s_O/\sigma_1$ gilt nach (5.1.8) und (5.1.9)

$$(5.4.1) \qquad \left(\frac{s_U}{\sigma_1}\right)^2 = \frac{\chi^2_{f;\alpha/2}}{f} \qquad \text{und} \qquad \left(\frac{s_O}{\sigma_1}\right)^2 = \frac{\chi^2_{f;1-(\alpha/2)}}{f}\,.$$

Sie liegen bezüglich der Wahrscheinlichkeiten $\alpha/2$ bzw. $1-(\alpha/2)$ symmetrisch zu $W = 1/2$. Wenn $\sigma = \sigma_1$ ist, dann ist die Wahrscheinlichkeit für das Unterschreiten der unteren Eingriffsgrenze $s_U$ ebenso groß wie für das Ueberschreiten der oberen Eingriffsgrenze $s_O$, und zwar gleich $\alpha/2$. Im folgenden ersetzt man $\alpha/2$ an der unteren Grenze durch $\alpha'$ und an der oberen Grenze durch $\alpha''$, jedoch so, daß

$$(5.4.2) \qquad \alpha' + \alpha'' = \alpha$$

ist. An der Stelle $\lambda = 1$ bzw. $\sigma = \sigma_1$ hat dann die Wahrscheinlichkeit $W(1|n\,;\alpha'\,;\alpha'')$ entsprechend zu Gleichung (5.3.7) unverändert gegen vorher den Wert

$$(5.4.3) \qquad W(1|n\,;\alpha'\,;\alpha'') = (1-\alpha'') - \alpha' = 1 - (\alpha' + \alpha'') = 1-\alpha\,.$$

Für die neuen (vorläufig unbekannten) Eingriffsgrenzen der s-Karte , $s_U^*/\sigma_1$ und $s_O^*/\sigma_1$ , die mit einem $*$ gekennzeichnet werden, gilt entsprechend zu (5.4.1)

$$(5.4.4) \quad \left(\frac{s_U^*}{\sigma_1}\right)^2 = \frac{\chi_{f;\alpha'}^2}{f} \equiv a^2(f\,;\,\alpha') = a^2$$

und

$$(5.4.5) \quad \left(\frac{s_O^*}{\sigma_1}\right)^2 = \frac{\chi_{f;1-\alpha''}^2}{f} \equiv b^2(f\,;\,\alpha'') = b^2 \ .$$

Bei vorgegebenem $\alpha$ und $n$ bzw. $f = n-1$ ist nach (5.4.2)

$$(5.4.6) \quad \alpha'(f\,;\,a) + \alpha''(f\,;\,b) = \text{konst} = \alpha \ .$$

Entsprechend zu (5.3.5) wird die Wahrscheinlichkeit, sich für die Hypothese $\sigma = \sigma_1$ zu entscheiden, wenn $\sigma = \lambda\,\sigma_1$ ist,

$$W = \Psi_f(\chi_{f;1-\alpha''}^2/\lambda^2) - \Psi_f(\chi_{f;\alpha'}^2/\lambda^2)$$

oder mit (5.4.5) und (5.4.4)

$$(5.4.7) \quad W = W(\lambda) = \Psi_f(f\,b^2/\lambda^2) - \Psi_f(f\,a^2/\lambda^2) \ .$$

Die Summenfunktion $\Psi_f(\chi_f^2)$ der $\chi_f^2$-Verteilung mit $f$ Freiheitsgraden hat die Gestalt

$$(5.4.8) \quad \Psi_f(\chi_f^2) = C_f \int_0^{\chi_f^2} y^{(f-2)/2}\, e^{-y/2}\, dy \ ,$$

wobei $C_f$ eine nur von $f$ abhängige Konstante darstellt, die im folgenden nicht gebraucht wird. Damit gilt für die Kennlinie $W(\lambda)$

$$(5.4.9) \quad W(\lambda)/C_f = \int_0^{f(b/\lambda)^2} y^{(f-2)/2}\, e^{-y/2}\, dy - \int_0^{f(a/\lambda)^2} y^{(f-2)/2}\, e^{-y/2}\, dy \ .$$

Für die Ableitung nach $\lambda$ folgt weiter

$$(5.4.10) \quad \frac{\lambda}{2\,C_f}\,\frac{dW}{d\lambda} = \left(\frac{f\,a^2}{\lambda^2}\right)^{f/2} \exp\left(-\frac{f\,a^2}{2\,\lambda^2}\right) - \left(\frac{f\,b^2}{\lambda^2}\right)^{f/2} \exp\left(-\frac{f\,b^2}{2\,\lambda^2}\right) \ .$$

Da die Funktion $W(\lambda)$ an der Stelle $\lambda = 1$ ein Maximum haben soll, muß ihre Ableitung $dW/d\lambda$ dort verschwinden,

$$(5.4.11) \quad \left(\frac{dW}{d\lambda}\right)_{\lambda=1} = 0 \ .$$

Mit (5.4.10) wird daraus

$$(5.4.12) \quad a^f\, e^{-fa^2/2} = b^f\, e^{-fb^2/2} \ .$$

Logarithmiert man (5.4.12) , so fällt  f  heraus ; es bleibt

$$2 \ln a - a^2 = 2 \ln b - b^2$$

oder

$$(5.4.13) \quad 2(\ln b - \ln a) = \ln(b/a)^2 = b^2 - a^2 \ .$$

Mit  (5.4.13)  und  (5.4.6)  hat man zwei Gleichungen, aus denen sich bei gegebenem  $\alpha$  und  f  das Wertepaar  (a ; b)  berechnen läßt.  Zur Lösung führt man in
(5.4.13)  einen Parameter  c  durch die Gleichung

$$(5.4.14) \quad c = (b/a)^2$$

ein. Dann sind  a  und  b  in der Form

$$(5.4.15) \quad a = \sqrt{\frac{\ln c}{c-1}} \quad \text{und} \quad b = a\sqrt{c}$$

darstellbar. Für  c = 1  wird  a = 1  und  b = 1 ;  für  $c \to \infty$  gilt  $a \to 0$  und
$b \to \infty$ , wie man leicht bestätigt. Mit Hilfe der "Parameterdarstellung" (5.4.15)
wurde in  Abb.  5.4.1  die Funktion  $b = h_1(a)$  gezeichnet, die Gleichung (5.4.13)

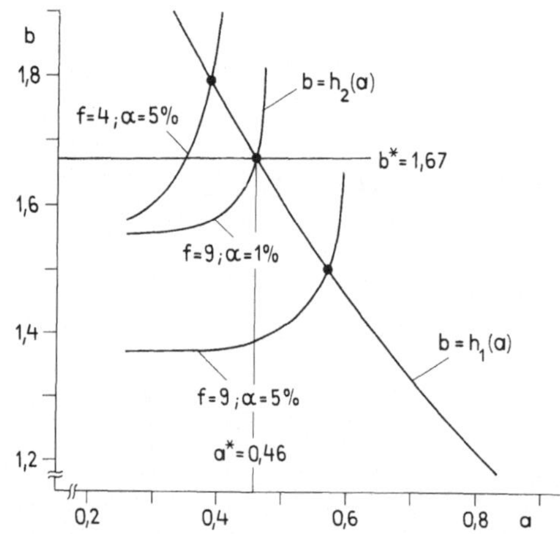


Abb. 5.4.1  Zur Berechnung der Eingriffsgrenzen der  s–Karte  für
den unverfälschten Test der Hypothese  $\sigma = \sigma_1$  gegen  $\sigma \neq \sigma_1$ .

entspricht. Da ihr Verlauf weder von  f  noch von  $\alpha$  abhängt, ist sie für beliebige
Wertepaare  (f ; $\alpha$)  verwendbar. Die zweite Gleichung (5.4.6) ist durch (5.4.4)
und (5.4.5) von vornherein in Parameterform gegeben, wenn man  $\alpha'$  als Parameter wählt. Es ist

$$(5.4.16) \quad a^2 = a^2(f ; \alpha') = \chi^2_{f;\alpha'}/f$$

und wegen $\alpha'' = \alpha - \alpha'$

$$(5.4.17) \qquad b^2 = b^2(f\,;\,\alpha-\alpha') = \chi^2_{f;1-\alpha+\alpha'}/f \;.$$

Mit Hilfe dieser Parameterdarstellung läßt sich bei gegebenem Wertepaar $(f\,;\,\alpha)$ bzw. $(n\,;\,\alpha)$ die Funktion $b = h_2(a)$ in Abb. 5.4.1 zeichnen, die Gleichung (5.4.6) entspricht. Beispielsweise liest man für $n = 10$ (bzw. $f = 9$) und $\alpha = 1\%$ am Schnittpunkt der beiden Kurven $b = h_1(a)$ und $b = h_2(a)$ das Wertepaar

$$a^* = 0,46 \qquad \text{und} \qquad b^* = 1,67$$

ab. Aus Zahlentafel 5.4.1 sind die dimensionslosen Eingriffsgrenzen $s_U/\sigma_1$ und $s_O/\sigma_1$ für den verfälschten Test und die entsprechenden Grenzen $s_U^*/\sigma_1$ und $s_O^*/\sigma_1$ für den unverfälschten Test ersichtlich. Mit wachsender Probengröße $n$ werden die Unterschiede belanglos. Dieses Verhalten ist zu erwarten, da die Verteilung der Prüfgröße $s$ für $n > 10$ bereits gut durch eine Normalverteilung angenähert werden kann. Das Maximum der Operations-Charakteristik $W(\lambda)$ liegt dann aus Symmetriegründen von vornherein an der Stelle $\sigma = \sigma_1$ , und der Test ist damit unverfälscht.

<table>
<tr><td colspan="5" align="center">Zahlentafel 5.4.1</td></tr>
<tr><td rowspan="5">Probengröße</td><td colspan="4">dimensionslose Eingriffsgrenzen der s–Karte zum Testen der Hypothese $\sigma = \sigma_1$ gegen $\sigma \neq \sigma_1$ für $S = 1-\alpha = 99\%$</td></tr>
<tr><td colspan="2" align="center">verfälschter Test</td><td colspan="2" align="center">unverfälschter Test</td></tr>
<tr><td align="center">$s_U/\sigma_1$</td><td align="center">$s_O/\sigma_1$</td><td align="center">$s_U^*/\sigma_1 = a^*$</td><td align="center">$s_O^*/\sigma_1 = b^*$</td></tr>
<tr><td align="center">Gl. (5.1.8)</td><td align="center">Gl. (5.1.9)</td><td align="center">Gl. (5.4.4)</td><td align="center">Gl. (5.4.5)</td></tr>
<tr><td></td><td></td><td></td><td></td></tr>
<tr><td align="center">5</td><td align="center">0,23</td><td align="center">1,93</td><td align="center">0,26</td><td align="center">2,06</td></tr>
<tr><td align="center">6</td><td align="center">0,29</td><td align="center">1,83</td><td align="center">0,31</td><td align="center">1,93</td></tr>
<tr><td align="center">7</td><td align="center">0,34</td><td align="center">1,76</td><td align="center">0,36</td><td align="center">1,84</td></tr>
<tr><td align="center">8</td><td align="center">0,38</td><td align="center">1,70</td><td align="center">0,40</td><td align="center">1,77</td></tr>
<tr><td align="center">9</td><td align="center">0,41</td><td align="center">1,66</td><td align="center">0,43</td><td align="center">1,71</td></tr>
<tr><td align="center">10</td><td align="center">0,44</td><td align="center">1,62</td><td align="center">0,46</td><td align="center">1,67</td></tr>
</table>

## 5.5  Die R-Karte; Eingriffsgrenzen

Da die Bestimmung der Standardabweichung  s  erheblichen Rechenaufwand erfordert, wählt man in der betrieblichen Praxis zur Ueberwachung der Standardabweichung  $\sigma$  einer Fertigung fast ausnahmslos die Spannweiten

$$(5.5.1) \quad R = x_{(n)} - x_{(1)}$$

von Proben der Größe  n ;  (R-Karte) .

Test der Hypothese  $\sigma = \sigma_1$  gegen  $\sigma > \sigma_1$ .

Im folgenden wird die einseitige obere Eingriffsgrenze  $R'_O = R_{1-\alpha}$  der  R-Karte berechnet. Dem Paar der Extremwerte  $\left[x_{(1)} ; x_{(n)}\right]$  einer Probe ist das Wertepaar  $\left[u_{(1)} ; u_{(n)}\right]$  des standardisierten Merkmals  $u = (x-\mu)/\sigma$  zugeordnet. Es ist

$$(5.5.2) \quad u_{(1)} = (x_{(1)} - \mu)/\sigma \quad und \quad u_{(n)} = (x_{(n)} - \mu)/\sigma .$$

Daraus folgt

$$(5.5.3) \quad x_{(1)} = \mu + u_{(1)}\,\sigma , \quad x_{(n)} = \mu + u_{(n)}\,\sigma$$

und

$$(5.5.4) \quad x_{(n)} - x_{(1)} = R = \left[u_{(n)} - u_{(1)}\right]\sigma .$$

Die dimensionslose, auf  $\sigma$  bezogene Spannweite  w  wird demnach

$$(5.5.5) \quad w = R/\sigma = u_{(n)} - u_{(1)} .$$

Da die Verteilung der standardisierten Merkmalwerte  $u_\nu = (x_\nu - \mu)/\sigma$  von den Parametern  $\mu$  und  $\sigma$  nicht abhängt, so ist auch die Verteilung von  $w = u_{(n)} - u_{(1)}$  davon nicht abhängig, sondern aus der standardisierten Normalverteilung (mit dem Mittelwert  0  und der Varianz 1) berechenbar. Die  w-Verteilung  wird im folgenden als bekannt vorausgesetzt; vgl.  [1] , [3] oder [6] .

Mit der Wahrscheinlichkeit  $S = 1-\alpha$  gilt

$$(5.5.6) \quad w \leqq w_{n;1-\alpha} ,$$

wobei  $w_{n;1-\alpha}$  der von  $\alpha$  und  n  abhängige einseitige obere Schwellenwert der w-Verteilung ist, der nur mit der Wahrscheinlichkeit  $\alpha$  überschritten wird. Die Zahlenwerte  $w_{n;1-\alpha}$  entnimmt man (zu gegebener Probengröße  n  und gegebener Irrtumswahrscheinlichkeit $\alpha$ für eine Fehlentscheidung erster Art) einer Tafel der w-Verteilung (vgl. $\lceil 2 \rceil$ ; Tabelle C 11) . Für n = 5 und $\alpha$ = 1% findet man beispielsweise $w_{5;99\%}$ = 4, 60 .

Wenn die Fertigung im Zeitpunkt der Probenahme mit der zulässigen Standardabweichung $\sigma = \sigma_1$ läuft, so liegen die Spannweiten R aller möglichen Zufallsproben der Größe n mit der Wahrscheinlichkeit S = 1-$\alpha$ im einseitig nach oben abgegrenzten Zufallsbereich für R , der wegen R = w $\sigma$ die Gestalt hat

$$(5.5.7) \quad 0 < R \leq w_{n;1-\alpha} \, \sigma_1 \; .$$

Mit der Wahrscheinlichkeit $\alpha$ liegt R außerhalb. Damit ist die gesuchte einseitige obere Eingriffsgrenze der R-Karte

$$(5.5.8) \quad R'_O = R_{1-\alpha} = w_{n;1-\alpha} \, \sigma_1 \; .$$

Zahlenwerte für $w_{n;1-\alpha}$ für $\alpha$ = 1% findet man in Zahlentafel 5.5.1 .

Gelegentlich wählt man auch hier zur Abgrenzung des Zufallsbereichs $3 \, \sigma \lbrace R \rbrace$ - Grenzen für die Prüfgröße R . Mittelwert und Varianz von R sind durch

$$(5.5.9) \quad M \lbrace R \rbrace = \alpha_n \, \sigma_1 \quad \text{und} \quad V \lbrace R \rbrace = \beta_n^2 \, \sigma_1^2$$

mit $\alpha_n$ und $\beta_n$ aus Zahlentafel 2.6.1 gegeben, wenn $\sigma = \sigma_1$ ist; vgl. auch (2.6.16) und (2.7.7) . Infolgedessen liegt die einseitige obere Eingriffsgrenze jetzt bei

$$(5.5.10) \quad R_O = (\alpha_n + 3 \, \beta_n) \, \sigma_1 = D_2(n) \, \sigma_1 \; .$$

Die Faktoren $D_2(n) = \alpha_n + 3 \, \beta_n$ entnimmt man in Abhängigkeit von n der Zahlentafel 5.5.1 . Für n = 5 ist $D_2(5)$ = 4, 92 .

Die R-Karte wird sinngemäß ebenso gehandhabt, wie es für die s-Karte im Abschnitt 5.1 beschrieben wurde.

Test der Hypothese $\sigma = \sigma_1$ gegen $\sigma \neq \sigma_1$ .

Im folgenden wird die nur gelegentlich wichtige "zweiseitige" Fragestellung noch kurz erörtert. Dann liegt die untere "Eingriffsgrenze" für R bei $R_U$ ,

$$(5.5.11) \quad R_U = R_{\alpha/2} = w_{n;\alpha/2} \, \sigma_1$$

und die obere bei $R_O$ ,

$$(5.5.12) \quad R_O = R_{1-(\alpha/2)} = w_{n;1-(\alpha/2)} \, \sigma_1 \; ,$$

wobei $\alpha = 1\%$ gewählt wird. Zahlenwerte für $w_{n;\alpha/2}$ und $w_{n;1-(\alpha/2)}$ für $\alpha = 1\%$ sind aus Zahlentafel 5.5.1 ersichtlich.

| Zahlentafel 5.5.1 | | | | | |
|---|---|---|---|---|---|
| Faktoren zur Berechnung der Eingriffsgrenzen von R-Karten mit $\sigma_1$ | | | | | |
| Proben-größe | Abgrenzung mit $S = 1-\alpha = 99\%$ | | | | Abgrenzung mit $3\ \sigma\{R\}$ - Grenzen |
| | einseitig nach | | zweiseitig nach | | nach |
| | unten | oben | unten | oben | unten | oben |
| $n$ | $w_{n;\alpha}$ | $w_{n;1-\alpha}$ | $w_{n;\alpha/2}$ | $w_{n;1-(\alpha/2)}$ | $D_1(n)$ | $D_2(n)$ |
| | $=R'_U/\sigma_1$ | $=R'_O/\sigma_1$ | $=R_U/\sigma_1$ | $=R_O/\sigma_1$ | $=R_U/\sigma_1$ | $=R_O/\sigma_1$ |
| 2 | 0,02 | 3,64 | 0,01 | 3,97 | 0 | 3,686 |
| 3 | 0,19 | 4,12 | 0,13 | 4,42 | 0 | 4,358 |
| 4 | 0,43 | 4,40 | 0,34 | 4,69 | 0 | 4,698 |
| 5 | 0,67 | 4,60 | 0,55 | 4,89 | 0 | 4,918 |
| 6 | 0,87 | 4,76 | 0,75 | 5,03 | 0 | 5,078 |
| 7 | 1,05 | 4,88 | 0,92 | 5,15 | 0,205 | 5,203 |
| 8 | 1,20 | 4,99 | 1,08 | 5,25 | 0,387 | 5,307 |
| 9 | 1,34 | 5,08 | 1,21 | 5,34 | 0,546 | 5,394 |
| 10 | 1,47 | 5,16 | 1,33 | 5,42 | 0,687 | 5,469 |
| 11 | 1,58 | 5,23 | 1,45 | 5,49 | 0,812 | 5,534 |
| 12 | 1,68 | 5,29 | 1,55 | 5,55 | 0,924 | 5,592 |
| 13 | 1,77 | 5,35 | 1,64 | 5,60 | 1,026 | 5,646 |
| 14 | 1,86 | 5,40 | 1,72 | 5,65 | 1,121 | 5,693 |
| 15 | 1,93 | 5,45 | 1,80 | 5,70 | 1,207 | 5,737 |

Entscheidet man sich bei zweiseitiger Fragestellung für $3\ \sigma\{R\}$ -Grenzen nach oben und unten, so bleibt die obere Eingriffsgrenze im Vergleich zu (5.5.10) ungeändert,

$$(5.5.13) \quad R_O = D_2(n)\,\sigma_1 \ ;$$

die untere Eingriffsgrenze $R_U$ wird

$$(5.5.14) \quad R_U = D_1(n)\,\sigma_1 = \begin{cases} (\alpha_n - 3\,\beta_n)\,\sigma_1 & \text{für } \alpha_n > 3\,\beta_n \ , \\ 0 & \text{sonst.} \end{cases}$$

Zahlenwerte für $D_1(n)$ findet man in Zahlentafel 5.5.1 .

## 5.6 Die Wirkungskennlinie der R-Karte bei einseitiger Abgrenzung nach oben

Gesucht wird die Wahrscheinlichkeit $W$ , mit der man sich für die Hypothese $\sigma = \sigma_1$ entscheidet. Vergrößert sich die Standardabweichung $\sigma$ von $\sigma_1$ zu $\lambda\,\sigma_1$ , $\lambda > 1$ , so besitzt die dimensionslose Prüfgröße $R/\sigma$ eine $w$-Verteilung . Man entscheidet sich für die Hypothese $\sigma = \sigma_1$ , wenn die beobachtete Spannweite $R$ einer Probe den Schwellenwert $R'_O$ nicht überschreitet ; wenn also gilt

$$(5.6.1) \qquad R \leqq R'_O$$

oder

$$(5.6.2) \qquad R/\sigma = w \leqq R'_O/\sigma \; .$$

Bezeichnet $\Psi_n(w)$ die Summenfunktion der $w$-Verteilung , wenn $R$ bzw. $w$ aus Proben der Größe $n$ stammen, so folgt die gesuchte Wahrscheinlichkeit $W$ aus (5.6.2) zu

$$(5.6.3) \qquad W = W\left\{ w \leqq R'_O/\sigma \right\} = \Psi_n(R'_O/\sigma) \; .$$

Setzt man hier $R'_O = w_{n;1-\alpha}\,\sigma_1$ aus (5.5.8) und $\sigma = \lambda\,\sigma_1$ ein, so fällt $\sigma_1$ heraus. Es bleibt

$$(5.6.4) \qquad W = W(\lambda | n ; \alpha) = \Psi_n(w_{n;1-\alpha}/\lambda) \; .$$

Für $\lambda = 1$ ist $W(1|n ; \alpha) = \Psi_n(w_{n;1-\alpha}) = 1-\alpha$ , wie es sein muß. Bei gegebenem Wertepaar $(n ; \alpha)$ wird $W$ eine Funktion des Vergrößerungsfaktors $\lambda = \sigma/\sigma_1$ .

<u>Berechnung einer Kennlinie $W(\lambda | n ; \alpha)$</u> für eine R-Karte mit einseitiger oberer Eingriffsgrenze $R'_O$ zur statistischen Sicherheit $S = 1-\alpha$ .

Es sei $\alpha = 1\%$ und $n = 5$ mit $w_{n;1-\alpha} = 4,60$ . In Zahlentafel 5.6.1 rechnet man von Spalte (3) über (2) zu (1) . Man entnimmt einer Tafel der $w$-Verteilung (vgl. $\begin{bmatrix} 2 \end{bmatrix}$ , Tabelle C 11) zusammengehörende Wertepaare $(W ; w_W)$ und bestimmt $\lambda$ in Spalte (1) aus der Gleichung

$$(5.6.5) \qquad \lambda = w_{n;1-\alpha}/w_W = 4,60/w_W \; .$$

| Zahlentafel 5.6.1 | | |
| --- | --- | --- |
| zur Berechnung der Kennlinie $W(\lambda)$ einer R-Karte für n=5, $\alpha$=1% | | |
| (1) | ⟵  (2) | ⟵  (3) |
| $\lambda = \sigma/\sigma_1$ | $w_W = w_{n;1-\alpha}/\lambda$ | $\Psi_n(w_W) = W\ [\%]$ |
| 0,84 | 5,48 | 99,9 |
| 0,94 | 4,89 | 99,5 |
| 1,00 | 4,60 | 99 |
| 1,10 | 4,20 | 97,5 |
| 1,19 | 3,86 | 95 |
| 1,32 | 3,48 | 90 |
| 1,51 | 3,04 | 80 |
| 1,85 | 2,48 | 60 |
| 2,25 | 2,04 | 40 |
| 2,93 | 1,57 | 20 |
| 3,65 | 1,26 | 10 |
| 4,47 | 1,03 | 5 |
| 5,41 | 0,85 | 2,5 |
| 6,97 | 0,67 | 1 |
| 8,36 | 0,55 | 0,5 |
| 12,43 | 0,37 | 0,1 |

Das Ergebnis der Rechnung ist in Abb. 5.6.1 dargestellt. Zum Vergleich ist
die Kennlinie der s-Karte aus Abb. 5.2.2 mit eingezeichnet worden. Ersichtlich ist die s-Karte etwas wirksamer als die R-Karte , jedoch ist der Unter-

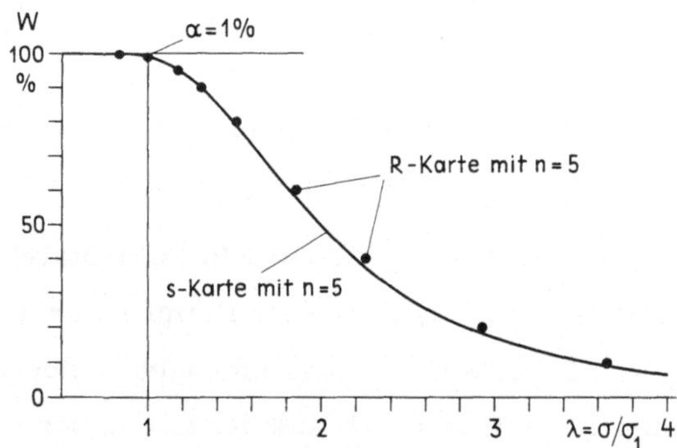


Abb. 5.6.1 Die Wirkungskennlinien $W(\lambda|n\,;\,\alpha)$ der R- und s-Karte
für $\alpha$ = 1% und n = 5 in Abhängigkeit vom Vergrößerungsfaktor
$\lambda = \sigma/\sigma_1$ bei einseitiger Abgrenzung nach oben unterscheiden sich
nicht wesentlich.

schied für  n = 5  ganz unbedeutend. Für  n = 2  sind beide Karten gleich wirksam, da zwischen  s  und  R  dann die Beziehung  $s = R/\sqrt{2}$  besteht, so daß beide Prüfgrößen die in der Probe enthaltene Information über die Streuung in gleicher Weise ausnutzen.  Abb.  5.6.2  zeigt die Schar der Kennlinien  $W(\lambda|n\,;\,\alpha=1\%)$  der R-Karte  mit Probenumfang n  als Scharparameter.

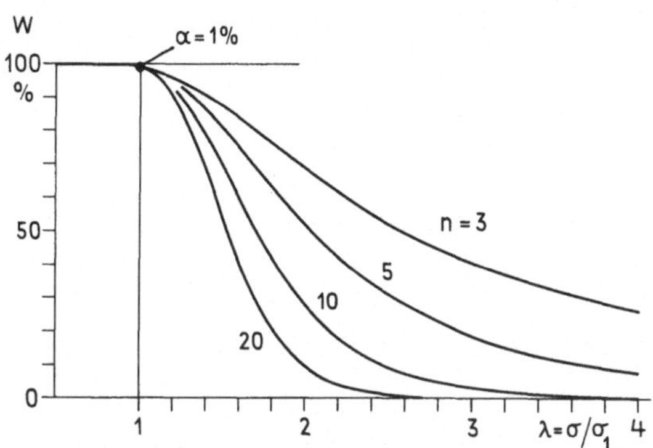


Abb.  5.6.2  Die Schar der Wirkungskennlinien  $W(\lambda|n\,;\,\alpha=1\%)$  der R-Karte  in Abhängigkeit vom Vergrößerungsfaktor  $\lambda = \sigma/\sigma_1$  und der Probengröße  n  bei einseitiger Abgrenzung nach oben.

Hat man anstelle der  99%-Grenze  $R'_O = R_{1-\alpha} = w_{n;1-\alpha}\,\sigma_1$  die  $3\,\sigma\{R\}$-Grenze $D_2(n)\,\sigma_1 = R_O$  nach (5.5.10)  zur Abgrenzung gewählt, so findet man die Wirkungskennlinie der zugehörigen Karte, indem man in (5.6.4)  $w_{n;1-\alpha}$  durch $D_2(n)$  ersetzt. Damit wird

$$(5.6.6) \quad W = W(\lambda|n) = \Psi_n\left[D_2(n)/\lambda\right] \;.$$

Im Gegensatz zu  (5.6.4)  ist die Irrtumswahrscheinlichkeit  $\alpha$  an der Stelle $\lambda = 1$  nicht fest, sondern hat den von  n  abhängigen Wert

$$(5.6.7) \quad \alpha(n) = 1 - W(1|n) = 1 - \Psi_n\left[D_2(n)\right] \;.$$

Für  n = 5  ist  $\alpha(5) \approx 4,6\%o$  und für  n = 10  hat man  $\alpha(10) \approx 4,3\%o$ . Da die Wirkungskennlinien  $W(\lambda|n)$  aus (5.6.6)  sich bei gleichem  n  nicht wesentlich von den Kennlinien  $W(\lambda|n\,;\,\alpha=1\%)$  der  Abb. 5.6.2  unterscheiden, so wurde auf die Darstellung von  $W(\lambda|n)$  verzichtet.

## 5.7 Vergleich der Wirksamkeit von s- und R-Karte bei $3\sigma\{s\}$- bzw. $3\sigma\{R\}$-Grenzen für die Prüfgröße

Man bezeichnet die Probengröße n der s- bzw. R-Karte mit $n_s$ bzw. $n_R$. Wie sich im folgenden zeigen wird, haben die Karten (nahezu) gleiche Wirksamkeit, wenn die den Eingriffsgrenzen $s_O = \left[ a(n_s) + 3\,b(n_s) \right]\sigma_1$ bzw. $R_O = \left[ \alpha(n_R) + 3\,\beta(n_R) \right]\sigma_1$ zugeordneten standardisierten Grenzen übereinstimmen,

$$(5.7.1) \qquad \frac{s_O - M\{s\}}{\sigma\{s\}} = \frac{R_O - M\{R\}}{\sigma\{R\}} \; .$$

Aus (5.7.1) folgt mit

$$M\{s\} = \sigma\,a(n_s) \quad \text{und} \quad \sigma\{s\} = \sigma\,b(n_s)$$

bzw.

$$M\{R\} = \sigma\,\alpha(n_R) \quad \text{und} \quad \sigma\{R\} = \sigma\,\beta(n_R)$$

nach kurzer Rechnung, bei der $\sigma_1$ und $\sigma$ herausfallen,

$$(5.7.2) \qquad \frac{b(n_s)}{a(n_s)} = \frac{\beta(n_R)}{\alpha(n_R)} \; .$$

Die Variationszahlen b/a und $\beta/\alpha$ der Prüfgrößen s und R müssen übereinstimmen, wenn man (nahezu) gleiche Wirksamkeit beider Karten erreichen will. Die Zahlentafel 5.7.1 enthält einige zusammengehörende Wertepaare $(n_s\,;\,n_R)$, die der Bedingung (5.7.2) (in guter Näherung) genügen.

| Zahlentafel 5.7.1 | |
|---|---|
| Probengröße bei gleicher Wirksamkeit der | |
| s-Karte | R-Karte |
| $n_s$ | $n_R$ |
| 2 | 2 |
| 5 | 5 |
| 9 | 10 |
| 10 | 12 |
| 15 | 21 |
| 20 | 34 |
| 25 | 50 |

R-Karte nicht verwenden (für die Zeilen 15/21, 20/34, 25/50)

Ersichtlich haben beide Karten im Bereich $2 \lessgtr n \lessgtr 10$ fast die gleiche Wirksamkeit. In Abb. 5.7.1 sind die Kennlinien $W(\lambda|n)$ für das laut Zahlentafel 5.7.1 gleichwertige Paar $(n_s = 20 \; ; \; n_R = 34)$ dargestellt. Die ausgezogene Kurve ist

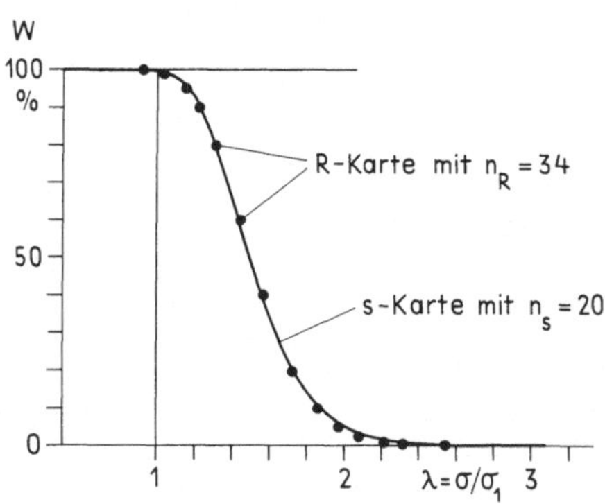


Abb. 5.7.1  s- und R-Karte mit gleicher Wirksamkeit bei
$n_s = 20$ bzw. $n_R = 34$ ; $3\,\sigma\{\ \}$ –Grenzen für die Prüfgrößen
s bzw. R .

die Kennlinie $W(\lambda|n_s = 20)$ , die Punkte gehören zur Kennlinie $W(\lambda|n_R = 34)$ . In der Tat liegen die Punkte der R–Karte fast genau auf der Kennlinie der s–Karte . — Mit wachsender Probengröße n läßt sich die Wirksamkeit der R-Karte nur langsam steigern, so daß man sie für $n \lessgtr 12$ nicht mehr verwenden sollte.

<u>Ein Beispiel.</u>

Wenn man aus fertigungstechnischen Gründen die Vergrößerung der Standardabweichung $\sigma$ vom zulässigen Wert $\sigma_1$ auf beispielsweise $\sigma = 2\,\sigma_1$ verhindern muß, so reicht die Wirksamkeit einer R-Karte mit $n_R = 5$ dazu nicht aus, wie aus Abb. 5.6.2 hervorgeht. Es muß vielmehr $n_R \gtrless 20$ sein. Da man mit $n_R \approx 20$ bereits in dem "verbotenen" Bereich der Zahlentafel 5.7.1 liegt, so sollte man in solchen Sonderfällen trotz des größeren Rechenaufwands zur s-Karte übergehen. Die Fähigkeit einer Karte, eine Störung anzuzeigen, läßt sich (bei allen Karten) auch dadurch verbessern, daß man die Irrtumswahrscheinlichkeit $\alpha$ (für eine Fehlentscheidung erster Art) vergrößert. Man nimmt dabei in Kauf, daß häufiger irrtümlich in die ungestörte Fertigung eingegriffen wird ; andererseits wird jede Störung mit größerer Wahrscheinlichkeit aufgedeckt.

Verbindet man beide Maßnahmen miteinander, indem man von der R-Karte zur s-Karte übergeht und $\alpha$ vergrößert, so läßt sich die Fähigkeit der Karte, Stö-

rungen zu entdecken, erheblich steigern, ohne daß dabei die Probengröße über-
mäßig ansteigt. In Abb. 5.7.2 wird eine R-Karte für $n_R = 5$ und $3\,\sigma\{R\}$-
Grenze mit einer s-Karte für $n_s = 10$ und $\alpha = 5\%$ verglichen. Während die

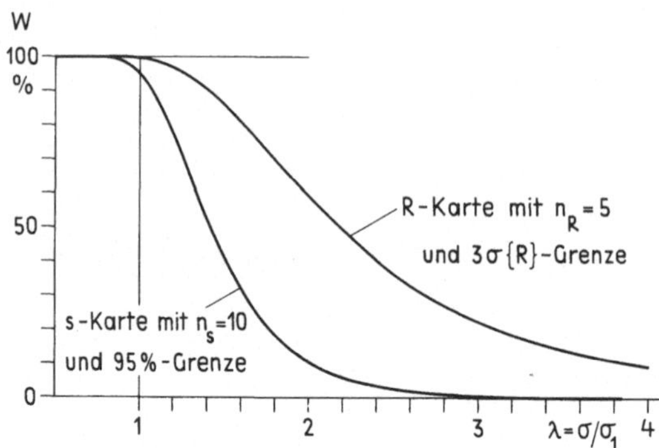


Abb. 5.7.2 Vergleich der Wirksamkeit der R-Karte (mit
$n_R = 5$ und $3\,\sigma\{R\}$-Grenze) und der s-Karte (mit $n_s = 10$
und 95%-Grenze). Die Anzeigewahrscheinlichkeit einer Er-
höhung der Standardabweichung $\sigma$ von $\sigma_1$ zu $2\,\sigma_1$ ist
$1-W_R \approx 40\%$ bzw. $1-W_s \approx 90\%$ .

R-Karte bei $\lambda = 2$ oder $\sigma = 2\,\sigma_1$ nur mit $1-W_R \approx 40\%$ reagiert, ist bei der
s-Karte an der gleichen Stelle $1-W_s = 90\%$ , die Anzeige von $\sigma_1$ zu $2\,\sigma_1$ bei
der ersten Probe nach der Störung also "ziemlich sicher". Die R-Karte erreicht diese hohe Anzeigewahrscheinlichkeit $1-W_s = 90\%$ erst mit der Probengröße $n_R' \gtrsim 20$ . Die Einsparung beträgt demnach $10/20 = 50\%$ an Meßwerten
(natürlich nicht an Rechenarbeit), und sie wird damit erkauft, daß man bei
$\lambda = 1$ öfter als sonst (nämlich mit $\alpha = 5\%$) nach einer Störung sucht, obwohl keine
vorhanden ist.


## 5.8 Die $\bar{R}$-Karte zur Anzeige „geringer" Vergrößerungen der Standardabweichung

Wenn man bei einer Fertigung enge Toleranzgrenzen einzuhalten hat und deshalb
bereits "geringe" Vergrößerungen der Standardabweichung $\sigma$ erkennen (und verhindern) muß, so reicht die Wirksamkeit der R-Karte mit $n = 5$ dazu nicht aus.
Auf jeden Fall muß man die Probengröße $n$ erhöhen. Bei der s-Karte wirkt
sich dann die umständliche Berechnung von $s$ aus zahlreichen Einzelwerten $x_\nu$
mehr und mehr erschwerend aus, falls keine Rechenmaschine zur Verfügung

steht. Die R-Karte hat den Nachteil, daß sie mit wachsender Probengröße n nur "langsam" wirksamer wird, so daß man R-Karten mit $n \gtrsim 12$ überhaupt nicht verwenden sollte. Die erforderliche Probengröße $n_R$ der R-Karte steigt rasch an. Einer s-Karte mit $n_s = 25$ entspricht bei gleicher Wirksamkeit eine R-Karte mit $n_R = 50$ Einzelwerten. Deshalb sollte man anstelle der s- oder R-Karte die $\bar{R}$-Karte einsetzen, wenn man aus fertigungstechnischen Gründen eine Karte hoher Wirksamkeit braucht.

Die einseitige obere Eingriffsgrenze $\bar{R}'_O$ für die Prüfgröße $\bar{R}$ .

Zur Berechnung der Prüfgröße $\bar{R}$ unterteilt man die Gesamtprobe der Größe n zufallsmäßig in $\ell$ Unterproben der Größe m ,

$$(5.8.1) \quad \ell m = n \; .$$

In jeder Unterprobe bestimmt man die Spannweite $R_\lambda$ ; $\lambda = 1$ ; $2$ ; $\ldots$ ; $\ell$ . Daraus berechnet man die mittlere Spannweite $\bar{R}$ der Gesamtprobe zu

$$(5.8.2) \quad \bar{R} = \frac{1}{\ell} \sum_{\lambda=1}^{\ell} R_\lambda \; .$$

Für Mittelwert und Varianz von $\bar{R}$ gilt entsprechend zu (2.6.20) , (2.7.6) und (2.7.7)

$$(5.8.3) \quad M\{\bar{R}\} = \alpha_m \, \sigma_1 \quad \text{und} \quad V\{\bar{R}\} = \frac{1}{\ell} \, \beta_m^2 \, \sigma_1^2 \; ,$$

wenn die Fertigung mit der Standardabweichung $\sigma_1$ läuft. Die Verteilung von $\bar{R}$ ist (wegen des zentralen Grenzwertsatzes der Wahrscheinlichkeitsrechnung) in guter Näherung normal, wenn $\ell \geq 3$ ist, was im folgenden vorausgesetzt werden soll.

Der Ausdruck $\beta_m^2/\ell$ in der Varianz von $\bar{R}$ wird zweckmäßig umgestaltet zu

$$(5.8.4) \quad \frac{\beta_m^2}{\ell} = \frac{\alpha_m^2}{n} \left( \frac{m \, \beta_m^2}{\alpha_m^2} \right) = \frac{\alpha_m^2}{n} \, \delta_m^2 \; ,$$

wobei $\delta_m$ die Hilfsgröße

$$(5.8.5) \quad \delta_m = \sqrt{m} \; \frac{\beta_m}{\alpha_m}$$

bedeutet. Wie Abb. 5.8.1 zeigt, ist sie im Bereich $5 \leq m \leq 16$ nur wenig veränderlich und hat insbesondere für $m = 5$ den Wert

$$(5.8.6) \quad \delta_5 = 0,831 \quad \text{mit} \quad \delta_5^2 = 0,690 \; .$$

Da die Prüfgröße  $\overline{R}$  (nahezu) normal verteilt ist, so liegt die (einseitige obere) Eingriffsgrenze zum Testen der Hypothese  $\sigma = \sigma_1$  gegen  $\sigma > \sigma_1$  mit Hilfe von $\overline{R}$  bei  $\overline{R}'_O$ ,

$$\overline{R}'_O = M\{\overline{R}\} + u_{1-\alpha}\, \sigma\{\overline{R}\} \quad .$$

Mit  (5.8.3)  und  (5.8.5)  wird daraus

$$(5.8.7) \quad \overline{R}'_O = \left(1 + u_{1-\alpha}\, \frac{\delta_m}{\sqrt{n}}\right) \alpha_m\, \sigma_1 \quad .$$

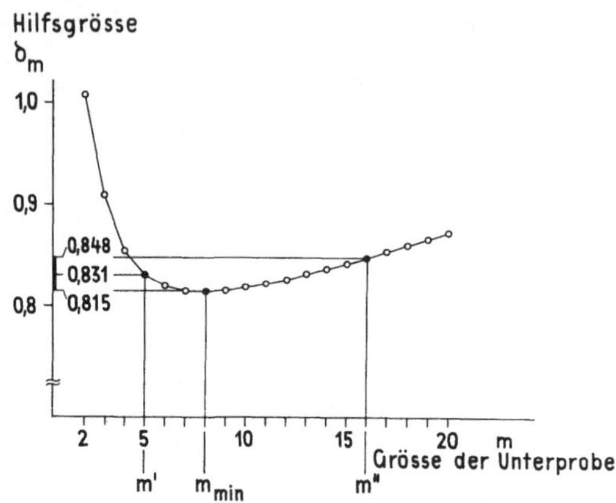


Abb.  5.8.1  Der Verlauf der Hilfsgröße  $\delta_m$  über  m .

Solange  $\overline{R}$  den Schwellenwert  $\overline{R}'_O$  nicht überschreitet, entscheidet man sich für die Hypothese  $\sigma = \sigma_1$  und läßt die Fertigung weiterlaufen. Zahlenwerte der Faktoren  $\overline{R}'_O/\sigma_1$  findet man für  m = 5  in Zahlentafel  5.8.1 (bezüglich anderer Werte von  m  vergleiche man die Ausführungen von Seite 111) .

| Zahlentafel 5.8.1 | | |
| :---: | :---: | :---: |
| Dimensionslose einseitige obere Eingriffsgrenzen $\overline{R}'_O/\sigma_1$ einer $\overline{R}$-Karte $(m=5)$ | | |
| Proben-größe $n=m\ell=5\ell$ | $S = 1-\alpha = 99\%$ <br> $\left[\,1 + u_{1-\alpha}(\delta_m/\sqrt{n}\,)\,\right]\,\alpha_m$ | $3\,\sigma\left\{\overline{R}\right\}$ –Grenzen <br> $\left[\,1 + 3(\delta_m/\sqrt{n}\,)\,\right]\,\alpha_m$ |
| 10 | 3,747 | 4,159 |
| 15 | 3,486 | 3,823 |
| 20 | 3,331 | 3,622 |
| 25 | 3,225 | 3,485 |
| 30 | 3,147 | 3,384 |
| 35 | 3,086 | 3,306 |
| 40 | 3,037 | 3,242 |
| 45 | 2,996 | 3,190 |
| 50 | 2,962 | 3,146 |

<u>Die Wirkungskennlinie der $\overline{R}$-Karte bei einseitiger Abgrenzung; Test der Hypothese $\sigma = \sigma_1$ gegen $\sigma > \sigma_1$ .</u>

Im gestörten Zustand $\sigma = \lambda\,\sigma_1$ mit $\lambda > 0$ genügt die Prüfgröße $\overline{R}$ für $\ell \geqq 3$ (nahezu) einer Normalverteilung mit dem Mittelwert $M\left\{\overline{R}\right\} = \alpha_m\,\sigma$ und der Standardabweichung

$$\sigma\left\{\overline{R}\right\} = \frac{1}{\sqrt{\ell}}\,\beta_m\,\sigma = \frac{1}{\sqrt{n}}\,\alpha_m\,\delta_m\,\sigma \ .$$

Für $\sigma = \lambda\,\sigma_1$ entscheidet man sich (irrtümlich) mit der Wahrscheinlichkeit $W$ für die Hypothese $\sigma = \sigma_1$ , wenn $\overline{R} \leqq \overline{R}'_O$ beobachtet wird. Zur Berechnung von $W$ standardisiert man die bekannte Eingriffsgrenze $\overline{R}'_O$ zu

$$u_W = \frac{\overline{R}'_O - M\left\{\overline{R}\right\}}{\sigma\left\{\overline{R}\right\}} = \frac{(\overline{R}'_O - \alpha_m\,\sigma)\sqrt{n}}{\alpha_m\,\delta_m\,\sigma}$$

Setzt man hier $\overline{R}'_O$ aus (5.8.7) und $\sigma = \lambda\,\sigma_1$ ein, so fallen $\sigma_1$ und $\alpha_m$ heraus; es bleibt

$$(5.8.8) \qquad u_W = \frac{1}{\lambda}\left[\,u_{1-\alpha} + (1-\lambda)\,\frac{\sqrt{n}}{\delta_m}\,\right] \ .$$

Die gesuchte Wahrscheinlichkeit wird damit

$$(5.8.9) \quad W = W(\lambda|n ; m ; \alpha) = \Phi(u_W) \; ,$$

wobei  $\Phi(u)$  die Summenfunktion der standardisierten Normalverteilung bedeutet. Für  $\lambda = 1$  wird  $u_W = u_{1-\alpha}$  und  $W = \Phi(u_{1-\alpha}) = 1-\alpha$ , wie es sein muß.

Wie  Abb. 5.8.1  zeigt, liegt die Hilfsgröße  $\delta_m$  für  $5 \leqq m \leqq 16$  im Bereich

$$0,815 \leqq \delta_m \leqq 0,848 \; ;$$

sie darf dort durch den "mittleren" Wert  $\delta_5 = 0,831$  ersetzt werden. Infolgedessen ist  W  von  m  nahezu unabhängig,  $W = W(\lambda|n ; 5 ; \alpha)$ , wenn man die Größe  m  der Unterproben im Bereich  $5 \leqq m \leqq 16$  wählt.  Abb.  5.8.2  zeigt die Schar der Wirkungskennlinien  $W(\lambda|n ; m{=}5 ; \alpha{=}1\%)$  einer  $\overline{R}$-Karte  in Ab-

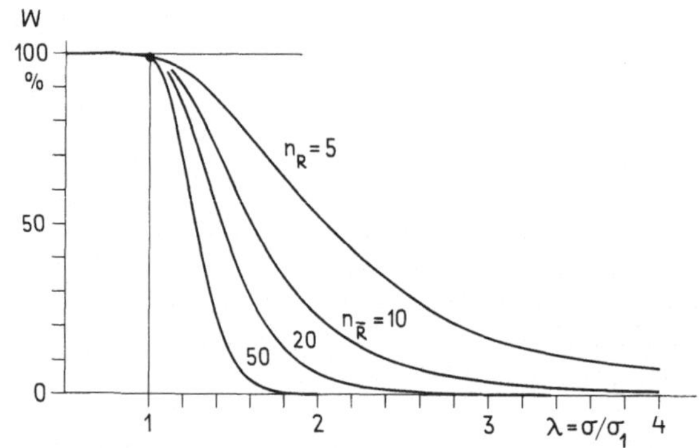


Abb._5.8.2  Die Schar der Wirkungskennlinien  $W(\lambda|n ; m{=}5 ; \alpha{=}1\%)$  der  $\overline{R}$-Karte  in Abhängigkeit vom Vergrößerungsfaktor  $\lambda = \sigma/\sigma_1$  und der Probengröße  n  bei einseitiger Fragestellung.

hängigkeit von  $\lambda = \sigma/\sigma_1$  für verschiedene Werte der Probengröße  $n \equiv n_{\overline{R}}$ . Zum Vergleich wurde die Kennlinie der "üblichen"  R-Karte  mit  $n = n_R = 5$  eingezeichnet. Da die Hilfsgröße  $\delta_m$  im Bereich  $5 \leqq m \leqq 16$  nur unwesentlich schwankt, so ist die Kurvenschar  $W(\lambda|n ; m{=}5 ; \alpha{=}1\%)$  der  Abb. 5.8.2  auch für eine andere Aufteilung in Unterproben verwendbar, sofern  m  dem genannten Bereich  $5 \leqq m \leqq 16$  angehört. Ebenso wie bei der  s-Karte  läßt sich auch die Wirksamkeit der  $\overline{R}$-Karte  durch größere Proben erheblich steigern. In Abb. 5.8.3  werden die Kennlinien der  R-Karte , der  $\overline{R}$-Karte  und der  s-Karte  für gleiche Probengröße  $n = n_R = n_{\overline{R}} = n_s = 20$  und gleiche Irrtumswahrscheinlichkeit $\alpha = 1\%$ miteinander verglichen. Zur Berechnung von $\bar{R}$ wird die Gesamtprobe in $l = 4$ Unterproben der Größe $m = 5$ aufgeteilt. Für die prakti-

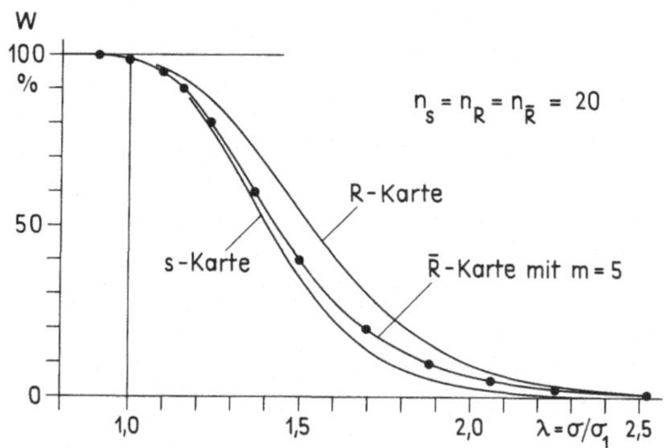



Abb. 5.8.3 Die Wirkungskennlinien $W(\lambda|n\,;\,m\,;\,\alpha)$ und $W(\lambda|n\,;\,\alpha)$ der $\bar{R}$-, s- und R-Karte für $\alpha=1\%$ ; n=20 und m=5 in Abhängigkeit vom Vergrößerungsfaktor $\lambda = \sigma/\sigma_1$ bei einseitiger Abgrenzung nach oben.

sche Verwendung sind die Unterschiede zwischen s- und $\bar{R}$-Karte für $n = 20$ nicht wesentlich. Die $\bar{R}$-Karte erreicht nahezu die gleiche Wirksamkeit wie die s-Karte .

Vergleich der Wirksamkeit von s- und $\bar{R}$-Karte bei gleichem $\lambda$ .

Für $n \gtrless 10$ ist die Standardabweichung s nahezu normal verteilt mit dem Mittelwert $M\{s\} = a_n \sigma$ und der Varianz $V\{s\} = b_n^2 \sigma^2$ ; vgl. $[6]$ . Der obere einseitige Schwellenwert $s'_O$ der s-Karte liegt infolgedessen angenähert bei

$$(5.8.10) \quad s'_O = (a_n + u_{1-\alpha}\, b_n)\, \sigma_1 \; ,$$

wenn die Hypothese $\sigma = \sigma_1$ gegen $\sigma > \sigma_1$ getestet werden soll. Im gestörten Zustand $\sigma = \lambda \sigma_1$ mit $\lambda > 1$ wird die Wahrscheinlichkeit $W$ , mit der man sich für $\sigma = \sigma_1$ entscheidet, $W = \Phi(u_W)$ mit

$$(5.8.11) \quad u_W = \frac{s'_O - a_n \sigma}{b_n \sigma} = \frac{1}{\lambda}\left[ u_{1-\alpha} + (1-\lambda)\,\frac{a_n}{b_n} \right] \; ,$$

wobei $n = n_s$ zu setzen ist. Die s- und $\bar{R}$-Karte haben bei gleichem $\lambda$ die gleiche Wirksamkeit, wenn die standardisierten $u_W$-Werte beider Karten übereinstimmen,

$$(5.8.12) \quad (u_W)_{\bar{R}\text{-Karte}} = (u_W)_{s\text{-Karte}} \; .$$

Mit  (5.8.8)  und  (5.8.11)  wird daraus

$$(5.8.13) \qquad \frac{\delta_m}{\sqrt{n_{\overline{R}}}} = \frac{b_n}{a_n} = \frac{b(n_s)}{a(n_s)} \ .$$

Diese Gleichung ist anschaulich deutbar: Die Probengrößen $n_s$ bzw. $n_{\overline{R}}$ müssen so gewählt werden, daß die Variationszahlen $b_n/a_n$ bzw. $\delta_m/\sqrt{n_{\overline{R}}}$ der Prüfgrößen s bzw. $\overline{R}$ übereinstimmen. Für $n \gtrless 15$ ist ausreichend genau[1]

$$(5.8.14) \qquad a_n = 1 - \frac{1}{4(n-1)} \approx 1 \quad \text{und} \quad 1/b_n^2 = 2(n-1) \ .$$

Infolgedessen folgt aus  (5.8.13)  für die Probengrößen $n_s$ und $n_{\overline{R}}$ bei gleicher Wirksamkeit an der Stelle $\lambda$

$$(5.8.15) \qquad n_{\overline{R}} = 2\,\delta_m^2\,(n_s - 1) \ .$$

Für  $m = 5$  mit  $\delta_5^2 = 0,690$  gilt

$$(5.8.16) \qquad n_{\overline{R}} = 1,38\,(n_s - 1) \approx 1,4\,(n_s - 1) \ .$$

Während einer  s-Karte  mit  $n_s = 25$  eine  R-Karte  mit  $n_R = 50$  entspricht, benötigt die  $\overline{R}$-Karte  nur  $n_{\overline{R}} = 33$  Einzelwerte, deren Zahl man aus praktischen Gründen zu  $8 \cdot 4 = 32$  oder  $5 \cdot 7 = 35$  verändern wird.

---

1) Vgl. etwa $\begin{bmatrix}6\end{bmatrix}$ ; Zahlentafel 8.6.1 .

# 6. Kontrollkarten zur Überwachung der Streuung einer Fertigung; für die Standardabweichung σ werden Schätzwerte aus einem Vorlauf bestimmt

Gelegentlich ist für die Standardabweichung $\sigma$ der Fertigung kein "Sollwert" $\sigma_1$ (wie im Abschnitt 5) vorgeschrieben, sondern man will die bisherige (unbekannte) Standardabweichung $\sigma_0$ beibehalten, da sie ein "brauchbares Erzeugnis" gewährleistet. In dem Falle berechnet man für $\sigma_0$ einen der Schätzwerte $\hat{\sigma}_I$, $\hat{\sigma}_{II}$, $\hat{\sigma}_{III}$ oder $\hat{\sigma}_{IV}$ aus dem im Abschnitt 2.6 ausführlich erläuterten Vorlauf:

$$\hat{\sigma}_I = s' = \sqrt{\overline{s^2}} \qquad \text{mit} \quad \overline{s^2} = \frac{1}{k} \sum_{i=1}^{k} s_i^2$$

oder

$$\hat{\sigma}_{II} = \bar{s}/a_n \qquad \text{mit} \quad \bar{s} = \frac{1}{k} \sum_{i=1}^{k} s_i$$

oder

$$\hat{\sigma}_{III} = \bar{R}/\alpha_n \qquad \text{mit} \quad \bar{R} = \frac{1}{k} \sum_{i=1}^{k} R_i$$

oder

$$\hat{\sigma}_{IV} = \tilde{R}/\tilde{\alpha}_n \qquad \text{mit} \quad \tilde{R} = R_{\left(\frac{k+1}{2}\right)}$$

Jeden dieser Schätzwerte kann man anstelle von $\sigma_1$ in die Formeln für die Eingriffsgrenzen des Abschnitts 5 einsetzen. Man behält also — ebenso wie bei den Mittelwertkarten — die Form der Eingriffsgrenzen bei und nimmt in Kauf, daß sich die der Karte zugeordnete Wirkungskennlinie ändert. Die Gleichungen für einige Eingriffsgrenzen werden im folgenden ausführlich aufgeschrieben.

## 6.1 Die $3\sigma\{s\}$-Eingriffsgrenzen der Prüfgröße s; die B-Faktoren

Wählt man den Schätzwert $\hat{\sigma}_{II}$, so liegen die Eingriffsgrenzen der s-Karte zum Testen der Hypothese $\sigma = \sigma_0$ gegen $\sigma \neq \sigma_0$ nach (5.1.10) und (5.1.11) bei $s_O$ und $s_U$; es ist

$$(6.1.1) \quad s_O = (a_n + 3 b_n)(\bar{s}/a_n) = B_4(n)\,\bar{s}$$

mit

(6. 1. 2)  $B_4(n) = 1 + 3(b_n/a_n)$

und

$$(6. 1. 3)\quad s_U = \begin{cases} (a_n - 3\,b_n)(\bar{s}/a_n) & \text{für } a_n > 3\,b_n \\ 0 & \text{sonst} \end{cases} = B_3(n)\,\bar{s}$$

mit

$$(6. 1. 4)\quad B_3(n) = \begin{cases} 1-3(b_n/a_n) & \text{für } a_n > 3\,b_n \;, \\ 0 & \text{sonst} \,. \end{cases}$$

Zur Probe hat man für $a_n > 3\,b_n$ bzw. $n > 5$ die Beziehung

(6. 1. 5)  $B_3(n) + B_4(n) = 2$ .

Die Faktoren $B_3(n)$ und $B_4(n)$ sind aus Zahlentafel 6. 1. 1 ersichtlich.

| Zahlentafel 6. 1. 1 | | |
|---|---|---|
| Faktoren zur Berechnung der Eingriffsgrenzen von s–Karten mit $\bar{s}$ | | |
| Proben-größe | $3\,\sigma\{s\}$ –Grenzen nach | |
| | unten | oben |
| n | $B_3(n) = s_U/\bar{s}$ | $B_4(n) = s_O/\bar{s}$ |
| 2 | 0 | 3, 267 |
| 3 | 0 | 2, 568 |
| 4 | 0 | 2, 266 |
| 5 | 0 | 2, 089 |
| 6 | 0, 030 | 1, 970 |
| 7 | 0, 118 | 1, 882 |
| 8 | 0, 185 | 1, 815 |
| 9 | 0, 239 | 1, 761 |
| 10 | 0, 284 | 1, 716 |
| 11 | 0, 321 | 1, 679 |
| 12 | 0, 354 | 1, 646 |
| 13 | 0, 382 | 1, 618 |
| 14 | 0, 406 | 1, 594 |
| 15 | 0, 428 | 1, 572 |

## 6.2  Die $3\sigma\{R\}$-Eingriffsgrenzen der Prüfgröße R; die D-Faktoren

Bei der R–Karte sind die Schätzwerte $\hat{\sigma}_{III} = \bar{R}/\alpha_n$ bzw. $\hat{\sigma}_{IV} = \tilde{R}/\tilde{\alpha}_n$ gebräuch-
lich. Wählt man $\hat{\sigma}_{III}$, so folgt aus (5.5.13) die obere Eingriffsgrenze

$$(6.2.1) \quad R_O = (\alpha_n + 3\,\text{ß}_n)(\bar{R}/\alpha_n) = D_4(n)\,\bar{R}$$

mit

$$(6.2.2) \quad D_4(n) = 1 + 3\,(\text{ß}_n/\alpha_n) = 1 + 3\,\gamma_n$$

und aus (5.5.14) die untere Eingriffsgrenze

$$(6.2.3) \quad R_U = \begin{cases} (\alpha_n - 3\,\text{ß}_n)(\bar{R}/\alpha_n) & \text{für } \alpha_n > 3\,\text{ß}_n \\ 0 & \text{sonst} \end{cases} = D_3(n)\,\bar{R}$$

mit

$$(6.2.4) \quad D_3(n) = \begin{cases} 1 - 3\,(\text{ß}_n/\alpha_n) = 1 - 3\,\gamma_n & \text{für } \alpha_n > 3\,\text{ß}_n \;; \\ 0 & \text{sonst .} \end{cases}$$

Zur Probe hat man für $\alpha_n > 3\,\text{ß}_n$ bzw. $n > 6$ die Beziehung

$$(6.2.5) \quad D_3(n) + D_4(n) = 2 \; .$$

Die Faktoren $D_3(n)$ und $D_4(n)$ sind aus Zahlentafel 6.2.1 ersichtlich.

Entscheidet man sich für $\hat{\sigma}_{IV} = \tilde{R}/\tilde{\alpha}_n$, so folgt aus (5.5.13) die obere Eingriffsgrenze zu

$$(6.2.6) \quad R_O = (\alpha_n + 3\,\text{ß}_n)(\tilde{R}/\tilde{\alpha}_n) = \tilde{D}_4(n)\,\tilde{R}$$

mit

$$(6.2.7) \quad \tilde{D}_4(n) = (\alpha_n + 3\,\text{ß}_n)/\tilde{\alpha}_n \; .$$

Aus (5.5.14) folgt die untere Eingriffsgrenze

$$(6.2.8) \quad R_U = \begin{cases} (\alpha_n - 3\,\text{ß}_n)(\tilde{R}/\tilde{\alpha}_n) & \text{für } \alpha_n > 3\,\text{ß}_n \\ 0 & \text{sonst} \end{cases} = \tilde{D}_3(n)\,\tilde{R}$$

mit

$$(6.2.9) \quad \tilde{D}_3(n) = \begin{cases} (\alpha_n - 3\,\text{ß}_n)/\tilde{\alpha}_n & \text{für } \alpha_n > 3\,\text{ß}_n \;, \\ 0 & \text{sonst .} \end{cases}$$

Zur Probe hat man für $\alpha_n > 3\,\beta_n$ bzw. $n > 6$ die Beziehung

$$(6.2.10) \quad \tilde{D}_3(n) + \tilde{D}_4(n) = 2(\alpha_n/\tilde{\alpha}_n) \ .$$

Die Faktoren $\tilde{D}_3(n)$ und $\tilde{D}_4(n)$ sind aus Zahlentafel 6.2.1 ersichtlich.

| Zahlentafel 6.2.1 | | | | |
|---|---|---|---|---|
| Faktoren zur Berechnung der Eingriffsgrenzen von R-Karten mit $\bar{R}$ bzw. $\tilde{R}$ | | | | |
| Proben-größe | $3\,\sigma\{R\}$-Grenzen nach | | | |
| | unten | oben | unten | oben |
| $n$ | $D_3(n)$ $= R_U/\bar{R}$ | $D_4(n)$ $= R_O/\bar{R}$ | $\tilde{D}_3(n)$ $= R_U/\tilde{R}$ | $\tilde{D}_4(n)$ $= R_O/\tilde{R}$ |
| 2 | 0 | 3,267 | 0 | 3,88 |
| 3 | 0 | 2,575 | 0 | 2,74 |
| 4 | 0 | 2,282 | 0 | 2,37 |
| 5 | 0 | 2,115 | 0 | 2,18 |
| 6 | 0 | 2,004 | 0 | 2,06 |
| 7 | 0,076 | 1,924 | 0,077 | 1,96 |
| 8 | 0,136 | 1,864 | 0,139 | 1,90 |
| 9 | 0,184 | 1,816 | 0,187 | 1,85 |
| 10 | 0,223 | 1,777 | 0,227 | 1,81 |
| 11 | 0,256 | 1,744 | 0,260 | 1,77 |
| 12 | 0,284 | 1,716 | 0,288 | 1,74 |
| 13 | 0,308 | 1,692 | 0,312 | 1,72 |
| 14 | 0,329 | 1,671 | 0,334 | 1,69 |
| 15 | 0,348 | 1,652 | 0,353 | 1,68 |

Auch die R-Karte wird gelegentlich mit Warngrenzen ausgestattet, die bei

$$M\{R\} \pm 2\,\sigma\{R\}$$

liegen. Falls $M\{R\} < 2\,\sigma\{R\}$ ist, liegt die untere Grenze bei 0. Für $M\{R\}$ bzw. $\sigma\{R\}$ setzt man entweder den "Sollwert" $\alpha_n\,\sigma_1$ bzw. $\beta_n\,\sigma_1$ oder einen der im vorausgehenden erwähnten Schätzwerte ein. Die R-Karte mit Warngrenzen wird sinngemäß ebenso gehandhabt, wie es für die $\bar{x}$-Karte im Abschnitt 3.3 erläutert worden ist.

In allen Fällen ändert sich bei Verwendung eines Schätzwerts $\hat{\sigma}$ für $\sigma_0$ die Wirkungskennlinie $W(\lambda)$ der Kontrollkarte. Dieser Einfluß soll im folgenden untersucht werden.

## 6.3 Die Wirkungskennlinie der R-Karte bei unbekanntem σ

Im folgenden wird der Einfluß des Schätzwerts $\hat{\sigma}$ auf den Verlauf der Wirkungs-kennlinie (5.6.4) der R-Karte ,

$$(6.3.1) \quad W = W(\lambda|n\;;\alpha) = \Psi_n(w_{n;1-\alpha}/\lambda) \;,$$

betrachtet ; die R-Karte ist mit der einseitigen oberen Eingriffsgrenze (5.5.8) ausgestattet. Wenn man gemäß Abschnitt 2.6 für die unbekannte Standardabwei-chung der Fertigung den Schätzwert $\hat{\sigma}$ eines Vorlaufs benutzt, so liegt die Ein-griffsgrenze bei

$$(6.3.2) \quad R'_O = R_{1-\alpha} = w_{n;1-\alpha}\hat{\sigma} \;.$$

Nach (5.6.3) ist die Wahrscheinlichkeit W , sich bei $\sigma = \lambda\,\sigma_0$ für die Hypo-these $\sigma = \sigma_0$ zu entscheiden,

$$W = \Psi_n(R'_O/\sigma) \;.$$

Setzt man hier $R'_O$ aus (6.3.2) und $\sigma = \lambda\,\sigma_0$ ein, so wird

$$(6.3.3) \quad W = W(\lambda|n\;;\alpha\;;\hat{\sigma}/\sigma_0) = \Psi_n\left[(w_{n;1-\alpha}/\lambda)(\hat{\sigma}/\sigma_0)\right] \;.$$

Die Wirkungskennlinie hängt zusätzlich vom Verhältnis $\hat{\sigma}/\sigma_0$ ab, das sich beim Vorlauf zufällig ergeben hat. Denkt man sich den Vorlauf mehrfach durchgeführt, so ist mit $\hat{\sigma}$ auch der Quotient $\hat{\sigma}/\sigma_0$ eine Zufallsgröße, die nach (2.8.7) mit der Sicherheit S = 1-ß im Zufallsbereich

$$(6.3.4) \quad 1 - \frac{1}{\sqrt{k}}\,u_{1-(ß/2)}\,Q(n) \le \frac{\hat{\sigma}}{\sigma_0} \le 1 + \frac{1}{\sqrt{k}}\,u_{1-(ß/2)}\,Q(n)$$

liegt. Der Faktor Q(n) für die vier Schätzwerte $\hat{\sigma}_I$ bis $\hat{\sigma}_{IV}$ geht aus (2.7.19) hervor. Wählt man wie im Abschnitt 2.8 beispielsweise n = 5 ; k = 25 ; S = 1-ß = 95% mit $u_{1-(ß/2)} = 1,96 \approx 2$ und den Schätzwert $\hat{\sigma}_{III} = \bar{R}/\alpha_n$ , so ergibt sich für den Quotienten $\hat{\sigma}_{III}/\sigma_0$ der Zufallsbereich

$$(6.3.5) \quad 0,852 \le \hat{\sigma}_{III}/\sigma_0 \le 1,148 \;.$$

Die Kennlinie W(λ) der Gleichung (6.3.3) liegt demnach zwischen

$$(6.3.6) \quad W'(\lambda) = \Psi_n(1,148\,w_{n;1-\alpha}/\lambda)$$

und

$$(6.3.7) \quad W''(\lambda) = \Psi_n(0,852\,w_{n;1-\alpha}/\lambda) \;.$$

An der Stelle $\lambda = 1$ bzw. $\bar{\sigma} = \bar{\sigma}_0$ kann die Annahmewahrscheinlichkeit $W(1)$ der Hypothese $\bar{\sigma} = \bar{\sigma}_0$ vom Sollwert

$$W(1) = \Psi_5(w_{5;1-\alpha}) = 1-\alpha = S = 99\% \quad \text{mit} \quad w_{5;1-\alpha} = 4,60$$

$$\text{nach oben bis} \quad W'(1) = \Psi_5(5,28) = 99,7\% \;,$$

$$\text{nach unten bis} \quad W''(1) = \Psi_5(3,92) = 95,4\%$$

abweichen.

Allgemein liegt die Wahrscheinlichkeit $W(\lambda|n\,;\,\alpha\,;\,\hat{\sigma}/\bar{\sigma}_0)$ mit der statistischen Sicherheit $S = 1-\beta$ zwischen den Grenzen

$$(6.3.8) \quad W = \Psi_n\left[\left(w_{n;1-\alpha}/\lambda\right)\left(1 \pm \frac{1}{\sqrt{k}}\, u_{1-(\beta/2)}\, Q(n)\right)\right].$$

Der Einfluß der Schätzwerte $\hat{\sigma}$ auf den Verlauf der Wirkungskennlinie bleibt auch bei der R-Karte bei ausreichend großem $k$ des Vorlaufs in erträglichen Grenzen.


## 6.4 Zusammenfassung über Kontrollkarten zur Überwachung der Streuung einer Fertigung

Je nachdem, ob die Standardabweichung der Fertigung als "Sollwert" $\bar{\sigma}_1$ vorgegeben und damit bekannt ist oder ob dafür aus einem Vorlauf berechnete Schätzwerte $\hat{\sigma}$ verwendet werden, ergeben sich für die Berechnung der Grenzen unterschiedliche Möglichkeiten. Weiterhin kann man als Prüfgröße (oder Indikator) zum Testen der Hypothese $\bar{\sigma} = \bar{\sigma}_1$ bzw. $\bar{\sigma} = \bar{\sigma}_0$ die Standardabweichung $s$ oder die Spannweite $R$ von Proben der Größe $n$ wählen. Schließlich kann man die Eingriffsgrenzen der Karte zu fester Wahrscheinlichkeit $\alpha(=1\%)$ für eine Fehlentscheidung erster Art oder als $\pm 3\,\bar{\sigma}\{\,\}$ -Grenzen der Prüfgröße $s$ oder $R$ berechnen. Im ersten Falle hat die Wahrscheinlichkeit $W$ für eine richtige Entscheidung bei ungestörter Fertigung (mit $\bar{\sigma} = \bar{\sigma}_1$ oder $\lambda = 1$) den Wert $W(1) = 99\%$ . Im zweiten Falle ist $W(1|n)$ in geringem Ausmaß – nämlich unter 5‰ – von $n$ abhängig. Während die Wirksamkeit der s-Karte mit wachsender Probengröße $n$ erheblich besser wird, ist das bei der R-Karte nur "anfangs" der Fall. Deshalb sollte man bei der Verwendung von R-Karten nicht über $n \approx 12$ hinausgehen. Wenn die Karte aus fertigungstechnischen Gründen auch "geringe" Vergrößerungen der Standardabweichung anzeigen soll, so muß man $n$ steigern und sollte von der R-Karte zur $\bar{R}$-Karte übergehen.

In der betrieblichen Praxis werden nicht alle Karten, die möglich sind, auch wirklich verwendet. Die wichtigsten s-Karten sind in der Uebersicht 6.4.1 zusammengestellt. Die wichtigsten R-Karten sind in der Uebersicht 6.4.2 enthalten.

**Uebersicht 6.4.1**

**s-Karten zur Ueberwachung der Fertigungsstreuung**

| Grenzen berechnet mit | Warngrenzen | | Eingriffsgrenzen | |
| --- | --- | --- | --- | --- |
| | $2\,\sigma\{s\}$-Grenzen | zweiseitig mit $S = 95\%$ | $3\,\sigma\{s\}$-Grenzen | zweiseitig mit $S = 99\%$ |
| $\sigma_1$ | $(a_n \pm 2\,b_n)\sigma_1$ | $\sigma_1\sqrt{\chi^2_{f;97,5\%}/f}$<br><br>$\sigma_1\sqrt{\chi^2_{f;2,5\%}/f}$ | $B_2(n)\,\sigma_1$<br><br>$B_1(n)\,\sigma_1$ | $\sigma_1\sqrt{\chi^2_{f;99,5\%}/f}$<br><br>$\sigma_1\sqrt{\chi^2_{f;0,5\%}/f}$ |
| $\bar{s}$ | $1 \pm 2(b_n/a_n)\bar{s}$ | $\dfrac{\bar{s}}{a_n}\sqrt{\chi^2_{f;97,5\%}/f}$<br><br>$\dfrac{\bar{s}}{a_n}\sqrt{\chi^2_{f;2,5\%}/f}$ | $B_4(n)\,\bar{s}$<br><br>$B_3(n)\,\bar{s}$ | $\dfrac{\bar{s}}{a_n}\sqrt{\chi^2_{f;99,5\%}/f}$<br><br>$\dfrac{\bar{s}}{a_n}\sqrt{\chi^2_{f;0,5\%}/f}$ |

Probengröße $n = f+1$ ; $a_n$ und $b_n$ aus Zahlentafel 2.6.1 ; $B_1$ und $B_2$ aus Zahlentafel 5.1.1 ; $B_3$ und $B_4$ aus Zahlentafel 6.1.1 ; $\chi^2_{f;\beta}$ ist der Schwellenwert der $\chi^2_f$-Verteilung mit f Freiheitsgraden, der mit der Wahrscheinlichkeit ß unterschritten wird ; Werte aus Zahlentafel 5.1.1 und Tabelle B (Seite 148/149) .

Wenn die Karte nur eine Vergrößerung der Standardabweichung anzeigen soll, so läßt man die nicht benötigte untere Grenze $s_U$ bzw. $R_U$ weg. Dadurch ändert man die statistische Sicherheit S der Karte ab, was zwar theoretisch nicht korrekt, aber praktisch unbedenklich ist. Die Wirksamkeit aller s- und R-Karten (d.h. ihre Fähigkeit, eine Veränderung der Standardabweichung $\sigma$ von $\sigma_1$ zu $\lambda\,\sigma_1$ für $\lambda \geqq 1$ zu erkennen) kann hinreichend genau mit den im Abschnitt 5.2 und 5.6 gegebenen Kennlinien $W(\lambda|n\,;\alpha)$ und $W(\lambda|n)$ beurteilt werden.

| | Uebersicht 6.4.2 | | | |
| --- | --- | --- | --- | --- |
| | **R-Karten zur Ueberwachung der Fertigungsstreuung** | | | |
| Grenzen berechnet mit | Warngrenzen | | Eingriffsgrenzen | |
| | $2\,\sigma\{R\}$-Grenzen | zweiseitig mit S = 95% | $3\,\sigma\{R\}$-Grenzen | zweiseitig mit S = 99% |
| $\sigma_1$ | $(\alpha_n \pm 2\,\beta_n)\sigma_1$ | $w_{n;97,5\%}\,\sigma_1$ <br> $w_{n;2,5\%}\,\sigma_1$ | $D_2(n)\,\sigma_1$ <br> $D_1(n)\,\sigma_1$ | $w_{n;99,5\%}\,\sigma_1$ <br> $w_{n;0,5\%}\,\sigma_1$ |
| $\bar{R}$ | $\left[1 \pm 2(\beta_n/\alpha_n)\right]\bar{R}$ | $\dfrac{w_{n;97,5\%}}{\alpha_n}\bar{R}$ <br> $\dfrac{w_{n;2,5\%}}{\alpha_n}\bar{R}$ | $D_4(n)\,\bar{R}$ <br> $D_3(n)\,\bar{R}$ | $\dfrac{w_{n;99,5\%}}{\alpha_n}\bar{R}$ <br> $\dfrac{w_{n;0,5\%}}{\alpha_n}\bar{R}$ |
| $\tilde{R}$ | $\dfrac{\alpha_n \pm 2\,\beta_n}{\tilde{\alpha}_n}\,\tilde{R}$ | $\dfrac{w_{n;97,5\%}}{\tilde{\alpha}_n}\tilde{R}$ <br> $\dfrac{w_{n;2,5\%}}{\tilde{\alpha}_n}\tilde{R}$ | $\tilde{D}_4(n)\,\tilde{R}$ <br> $\tilde{D}_3(n)\,\tilde{R}$ | $\dfrac{w_{n;99,5\%}}{\tilde{\alpha}_n}\tilde{R}$ <br> $\dfrac{w_{n;0,5\%}}{\tilde{\alpha}_n}\tilde{R}$ |

Probengröße $n$ ; $\alpha_n$ , $\beta_n$ , $\tilde{\alpha}_n$ aus Zahlentafel 2.6.1 ; $D_1$ und $D_2$ aus Zahlentafel 5.5.1 ; $D_3$ , $D_4$ , $\tilde{D}_3$ , $\tilde{D}_4$ aus Zahlentafel 6.2.1 ; $w_{n;\beta}$ ist der Schwellenwert der Verteilung von $w = R/\sigma$, der mit der Wahrscheinlichkeit $\beta$ unterschritten wird ; Werte aus Zahlentafel 5.5.1 und Tabelle C 11 von $[2]$ .

# 7. Die Extremwertkarte; (Urwertkarte; ($x_{max}$; $x_{min}$)-Karte)

In vielen Fällen der betrieblichen Praxis muß man sowohl die Lage als auch die Streuung der Fertigung überwachen. Dazu verbindet man entweder eine $\bar{x}$-Karte mit einer R-Karte oder eine $\tilde{x}$-Karte mit einer R-Karte . In beiden Fällen benötigt man zwei Karten, die man nebeneinander führt. Dabei sprechen $\bar{x}$- und $\tilde{x}$-Karten in erster Linie auf Verschiebungen des Mittelwerts $\mu$ an, während die R-Karte (mit einseitiger oberer Eingriffsgrenze $R'_O$ ) nur auf eine Vergrößerung der Standardabweichung anspricht. In manchen Fällen kann man das "Kartenpaar" für Lage und Streuung durch eine Karte, die Extremwertkarte (Urwertkarte), ersetzen. Die Extremwertkarte überwacht gleichzeitig Mittelwert $\mu$ und Standardabweichung $\sigma$. Diesem Vorteil steht allerdings der folgende Nachteil gegenüber: Wird durch die Karte eine Störung der Fertigung angezeigt, so ist oft nicht erkennbar, ob es sich um eine Veränderung des Fertigungsmittelwerts oder der Fertigungsstreuung handelt.

## 7.1 Ermittlung der Eingriffsgrenzen der Extremwertkarte bei gegebenem Wertepaar ($\mu_1$; $\sigma_1$)

Als Prüfgrößen dienen der größte Wert $x_{max} \equiv x_{(n)}$ und der kleinste Wert $x_{min} \equiv x_{(1)}$ einer der Fertigung entnommenen Zufallsprobe der Größe n . Trägt man die Einzelwerte $x_1$ ; $x_2$ ; ... ; $x_n$ der Probe Nr. i , wie sie anfallen, in eine Kontrollkarte nach Abb. 7.1.1 ein, so ordnen sie sich "von selbst" der Größe nach. Die Karte ist mit den festen Eingriffsgrenzen $(x_{max})_O$ für $x_{max}$ und $(x_{min})_U$ für $x_{min}$ ausgestattet. Einzuhalten seien der Mittelwert $\mu_1$ und die Standardabweichung $\sigma_1$ . Anschaulich ist dann folgendes klar: Verschiebt sich $\mu$ von $\mu_1$ zu $\mu \gg \mu_1$ nach oben (bei festem $\sigma = \sigma_1$ ), so überschreiten die Werte $x_{max}$ ihre obere Eingriffsgrenze $(x_{max})_O$ . Verschiebt sich $\mu$ von $\mu_1$ zu

$\mu \ll \mu_1$ nach unten (bei festem $\sigma = \sigma_1$), unterschreiten die Werte $x_{min}$ ihre untere Eingriffsgrenze $(x_{min})_U$. Vergrößert sich die Standardabweichung $\sigma$

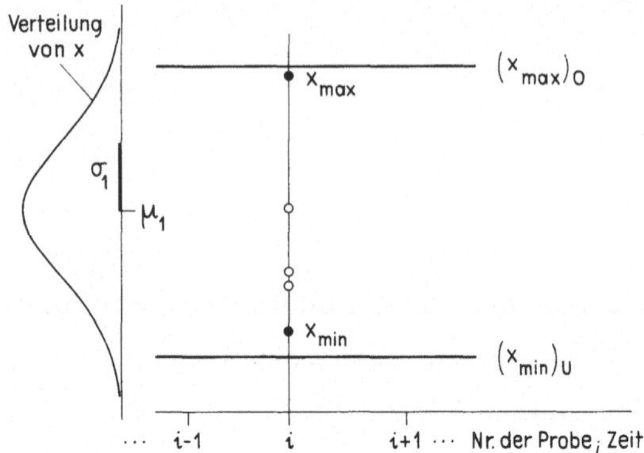


Abb. 7.1.1 Die Extremwertkarte mit den Eingriffsgrenzen $(x_{max})_O$ und $(x_{min})_U$.

von $\sigma_1$ zu $\sigma \gg \sigma_1$ (bei festem $\mu = \mu_1$), so liegen beide Prüfgrößen $x_{max}$ und $x_{min}$ außerhalb des Kontrollstreifens; es ist dann

$$x_{min} < (x_{min})_U \quad \text{und} \quad x_{max} > (x_{max})_O .$$

Im folgenden werden die Eingriffsgrenzen der Karte berechnet, wenn die Verteilung der Merkmalwerte $x$ der Fertigung durch eine Normalverteilung angenähert werden darf. Man entscheidet sich für die Hypothese ($\mu = \mu_1$ ; $\sigma = \sigma_1$), wenn eine der Fertigung entnommene Probe $x_1$ ; $x_2$ ; ... ; $x_\nu$ ; ... ; $x_n$ vollständig zwischen den Eingriffsgrenzen $(x_{min})_U$ und $(x_{max})_O$ liegt, d.h. wenn gilt

$$(7.1.1) \quad (x_{min})_U \leqq (x_1 ; x_2 ; x_3 ; ... ; x_n) \leqq (x_{max})_O .$$

Da die geordnete Probe $x_{(1)}$ ; $x_{(2)}$ ; ... ; $x_{(n)}$ der Beziehung

$$x_{(1)} \leqq x_{(2)} \leqq x_{(3)} \leqq ... \leqq x_{(n)}$$

genügt, so ist die Bedingung (7.1.1) gleichwertig mit

$$(7.1.2) \quad (x_{min})_U \leqq x_{(1)} \quad \text{und} \quad x_{(n)} \leqq (x_{max})_O .$$

Zur Berechnung dieser Grenzen denkt man sich die Meßwerte $x_\nu$ mit Hilfe der vorgegebenen Werte $\mu_1$ und $\sigma_1$ standardisiert zu

$$(7.1.3) \quad (x_\nu - \mu_1)/\sigma_1 = u_\nu .$$

Dann muß entsprechend zu  (7.1.1)  gelten

(7.1.4)  $(u_{min})_U \leqq (u_1 ; u_2 ; u_3 ; \dots ; u_n) \leqq (u_{max})_O$ ,

wobei nach  (7.1.3)  zwischen den ursprünglichen und den standardisierten Grenzen die Gleichungen

(7.1.5)  $(x_{min})_U = \mu_1 + (u_{min})_U \, \sigma_1$

und

(7.1.6)  $(x_{max})_O = \mu_1 + (u_{max})_O \, \sigma_1$

bestehen.

Wegen der Symmetrie der standardisierten Normalverteilung bezüglich des Nullpunktes wählt man

(7.1.7)  $(u_{min})_U = - (u_{max})_O = - v$ .

Für die weitere Rechnung wird die gesuchte standardisierte Grenze  $(u_{max})_O$  mit  v  bezeichnet. Die Wahrscheinlichkeit, daß die erste "Beobachtung"  $u_1$  gemäß  (7.1.4)  zwischen den Grenzen  −v  und  v  liegt, ist

(7.1.8)  $W \left\{ -v \leqq u_1 \leqq v \, \middle| \, \mu_1 ; \sigma_1 \right\} = \Phi(v) - \Phi(-v) = 2\,\Phi(v) - 1$ ,

wobei  $\Phi$  die Summenfunktion der standardisierten Normalverteilung ist. Die Wahrscheinlichkeit, daß alle  n  "Meßwerte"  $u_\nu$  in dem genannten Bereich liegen, wird nach dem Produktsatz der Wahrscheinlichkeitsrechnung

(7.1.9)  $W \left\{ -v \leqq (u_1 ; u_2 ; \dots ; u_n) \leqq v \, \middle| \, \mu_1 ; \sigma_1 \right\} = \left[ 2\,\Phi(v) - 1 \right]^n$ .

Da man sich mit der Wahrscheinlichkeit  $S = 1-\alpha$  für die Hypothese  $(\mu = \mu_1 ; \sigma = \sigma_1)$  entscheiden will, wenn sie gilt, so hat man zur Bestimmung von  $v \equiv (u_{max})_O$  die Gleichung

(7.1.10)  $\left[ 2\,\Phi(v) - 1 \right]^n = 1-\alpha$

oder

(7.1.11)  $\Phi(v) = \left( 1 + \sqrt[n]{1-\alpha} \right)/2$ .

Da  $\alpha$  klein gegen  1  bleibt, so gilt für die Wurzel ausreichend genau

$$\sqrt[n]{1-\alpha} = (1-\alpha)^{1/n} \approx 1 - (\alpha/n)$$

und damit

(7.1.12)  $\Phi(v) \approx 1 - \dfrac{\alpha}{2n}$ .

Bei gegebenem Wertepaar $(n ; \alpha)$ ist der Schwellenwert $v = v(n ; \alpha) \equiv (u_{max})_O$ aus Gleichung (7.1.11) genau oder aus (7.1.12) angenähert bestimmbar. Die Zahlentafel 7.1.1 gibt einige Ergebnisse im Bereich $2 \leqq n \leqq 15$ für die statistischen Sicherheiten 95% und 99% .

| Zahlentafel 7.1.1 | | |
|---|---|---|
| Schwellenwerte $v \equiv (u_{max})_O = -(u_{min})_U$ zur Berechnung der Eingriffsgrenzen der Extremwertkarte | | |
| Proben-größe n | $S = 1-\alpha$ | |
| | 95% | 99% |
| 2 | 2,24 | 2,81 |
| 3 | 2,39 | 2,93 |
| 4 | 2,49 | 3,02 |
| 5 | 2,57 | 3,09 |
| 6 | 2,63 | 3,14 |
| 7 | 2,68 | 3,19 |
| 8 | 2,73 | 3,23 |
| 9 | 2,77 | 3,26 |
| 10 | 2,80 | 3,29 |
| 15 | 2,93 | 3,40 |

Die Eingriffsgrenzen für die Extremwertkarte liegen nach (7.1.5) und (7.1.7) bzw. (7.1.6) bei

$$(7.1.13) \quad (x_{min})_U = \mu_1 - (u_{max})_O \, \sigma_1$$

bzw.

$$(7.1.14) \quad (x_{max})_O = \mu_1 + (u_{max})_O \, \sigma_1 \; .$$

Die Extremwertkarte läßt sich sehr einfach führen. Man entnimmt der Fertigung in festen Zeitabständen Proben der Größe n und trägt die zugehörigen Einzelwerte $x_1 ; x_2 ; \ldots ; x_n$ nach Abb. 7.1.2 in die Karte ein. Wenn die Gesamtprobe der Bedingung (7.1.1) genügt, entscheidet man sich für die Hypothese $(\mu = \mu_1 ; \sigma = \sigma_1)$, die Fertigung läuft richtig. Wird nur eine der Grenzen über- bzw. unterschritten (ohne daß sich die Spannweite $x_{(n)} - x_{(1)} = R$ wesentlich geändert hat), so schließt man auf eine Verschiebung des Mittelwerts $\mu$ nach oben bzw. unten. Wenn beide Grenzen gleichzeitig von $x_{(n)}$ überschritten und von $x_{(1)}$ unterschritten werden, so liegt meist eine Vergrößerung der Standard-

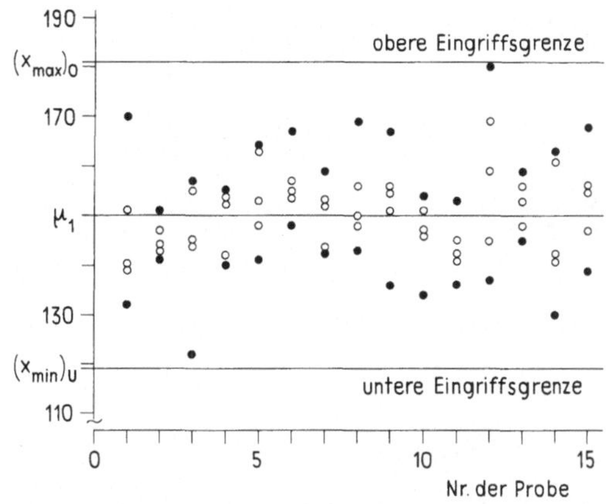


Abb. 7.1.2  Eine Extremwertkarte mit Eingriffsgrenzen zur statistischen Sicherheit  $S = 1-\alpha = 99\%$  für  $n = 5$ . Die Soll-werte sind  $\mu_1 = 150$  und  $\sigma_1 = 10$ .

abweichung zu  $\sigma > \sigma_1$  vor. In  Abb. 7.1.2  sind die zu überwachenden Sollwerte der Fertigung  $\mu_1 = 150$  und  $\sigma_1 = 10$ . Als Probengröße wird  $n = 5$  gewählt. Dann liegen die Eingriffsgrenzen für  $S = 1-\alpha = 99\%$  nach Zahlentafel  7.1.1  bei

$$(7.1.15) \qquad \mu_1 \pm 3,09 \; \sigma_1 = \begin{cases} 180,9 & , \\ \\ 119,1 & . \end{cases}$$

Ersichtlich verläuft die Fertigung im Beispiel ohne Störung.

## 7.2  Die Wirkungskennlinie der Extremwertkarte bei gegebenem Wertepaar $(\mu_1; \sigma_1)$

Der gestörte Mittelwert der Fertigung sei

$$(7.2.1) \qquad \mu = \mu_1 + \lambda' \, \sigma_1 \qquad \text{mit} \quad \lambda' \neq 0 \; ,$$

die gestörte Standardabweichung sei

$$(7.2.2) \qquad \sigma = \lambda'' \, \sigma_1 \qquad \text{mit} \quad \lambda'' > 1 \; .$$

In diesem Falle sind die mit Hilfe von $(\mu \, ; \, \sigma)$ standardisierten Meßwerte $u_\nu$ ,

$$(7.2.3) \qquad u_\nu = (x_\nu - \mu)/\sigma \; ,$$

standardisiert normal verteilt. Man entscheidet sich für die Hypothese $(\mu = \mu_1$ ; $\sigma = \sigma_1$ ), wenn alle $x_\nu$ nach (7.1.1) im Bereich

$$(x_{min})_U \leq (x_1 ; x_2 ; \ldots ; x_n) \leq (x_{max})_O$$

liegen. Mit (7.2.3) gilt dann für die mit $(\mu ; \sigma)$ standardisierten Werte $u_\nu$

$$(7.2.4) \quad \frac{(x_{min})_U - \mu}{\sigma} \leq (u_1 ; u_2 ; \ldots ; u_n) \leq \frac{(x_{max})_O - \mu}{\sigma} .$$

Setzt man hier $(x_{min})_U$ aus (7.1.5) , $(x_{max})_O$ aus (7.1.6) , $\mu = \mu_1 + \lambda' \sigma_1$ und $\sigma = \lambda'' \sigma_1$ ein, so fallen $\mu_1$ und $\sigma_1$ heraus. Es bleibt mit $(u_{max})_O = -(u_{min})_U = v$

$$(7.2.5) \quad \frac{-v-\lambda'}{\lambda''} \leq (u_1 ; u_2 ; \ldots ; u_n) \leq \frac{v-\lambda'}{\lambda''} ,$$

wobei $v = v(n ; \alpha)$ der aus Gleichung (7.1.11) bzw. Zahlentafel 7.1.1 bestimmte Schwellenwert ist. Da die $u_\nu$ standardisiert normal verteilt sind, so wird die Wahrscheinlichkeit W , daß alle n "Meßwerte" $u_\nu$ im Bereich (7.2.5) liegen,

$$(7.2.6) \quad W = \left[ \Phi\left(\frac{v - \lambda'}{\lambda''}\right) - \Phi\left(\frac{-v - \lambda'}{\lambda''}\right) \right]^n .$$

Wegen $v = v(n ; \alpha)$ ist W bei gegebenem Wertepaar $(n ; \alpha)$ eine Funktion der beiden dimensionslosen Faktoren $\lambda'$ und $\lambda''$ , welche die Veränderung von $(\mu ; \sigma)$ messen,

$$(7.2.7) \quad W = W(\lambda' ; \lambda'' | n ; \alpha) .$$

Mit dieser Wahrscheinlichkeit entscheidet man sich für die Hypothese $(\mu = \mu_1$ ; $\sigma = \sigma_1)$ . Durch (7.2.7) ist über der $(\lambda' ; \lambda'')$-Ebene für $-\infty < \lambda' < \infty$ und $\lambda'' \geq 1$ eine zweidimensionale Schar von Wirkungskennflächen gegeben. Diesen Wirkungskennflächen könnte man die Wahrscheinlichkeiten für verschiedene Fehlentscheidungen entnehmen, z.B. die Wahrscheinlichkeit der Entscheidung

für $\mu \neq \mu_1$ und $\sigma \neq \sigma_1$ , obwohl $(\mu ; \sigma) = (\mu_1 ; \sigma_1)$ gilt

oder für $\mu \neq \mu_1$ , obwohl $\mu = \mu_1$ , jedoch $\sigma \neq \sigma_1$ gilt

oder für $\sigma \neq \sigma_1$ , obwohl $\sigma = \sigma_1$ , jedoch $\mu \neq \mu_1$ gilt

oder für $(\mu ; \sigma) = (\mu_1 ; \sigma_1)$ , obwohl $\mu \neq \mu_1$ und $\sigma \neq \sigma_1$ gilt .

Da die Darstellung der Wirkungskennflächen (etwa durch Höhenlinien W = konst) mühevoll ist, beschränkt man sich auf die im folgenden behandelten zwei Sonderfälle.

(a)  Verschiebung des Mittelwerts $\mu$ von $\mu_1$ zu $\mu = \mu_1 + \lambda' \, \sigma_1$ bei fester
Standardabweichung $\sigma = \sigma_1$ bzw. $\lambda'' = 1$ .

In dem Falle wird aus  (7.2.6)

$$(7.2.8) \quad W = W(\lambda' \, ; \, 1 \,|\, n \, ; \, \alpha) = \Big[ \Phi(v-\lambda') - \Phi(-v-\lambda') \Big]^n \, .$$

Mit

$$\Phi(-v-\lambda') = 1 - \Phi(v+\lambda')$$

gilt auch

$$(7.2.9) \quad W = W(\lambda' \, ; \, 1 \,|\, n \, ; \, \alpha) = \Big[ \Phi(v-\lambda') + \Phi(v+\lambda') - 1 \Big]^n \, .$$

Für $\mu = \mu_1$ bzw. $\lambda' = 0$ wird

$$W(0 \, ; \, 1 \,|\, n \, ; \, \alpha) = \Big[ \Phi(v) - \Phi(-v) \Big]^n = \Big[ 2\,\Phi(v) - 1 \Big]^n$$

oder mit  (7.1.10)

$$(7.2.10) \quad W(0 \, ; \, 1 \,|\, n \, ; \, \alpha) = 1-\alpha \quad \text{für alle } n \, ,$$

wie es sein muß. Ersetzt man in (7.2.9) $\lambda'$ durch $-\lambda'$ , so gilt

$$(7.2.11) \quad W(-\lambda' \, ; \, 1 \,|\, n \, ; \, \alpha) = \Big[ \Phi(v+\lambda') + \Phi(v-\lambda') - 1 \Big]^n = W(\lambda' \, ; \, 1 \,|\, n \, ; \, \alpha) \, .$$

Die Kennlinie ist bezüglich des Verschiebungsparameters $\lambda'$ symmetrisch, so
daß die Darstellung für $\lambda' \geqq 0$ genügt. Die Extremwertkarte ist bei Mittelwert -
veränderungen gleicher Größe nach oben oder unten gleich wirksam. In
Abb. 7.2.1 ist der Verlauf von $W(\lambda' \, ; \, 1 \,|\, n \, ; \, \alpha)$ über $\lambda' = (\mu-\mu_1)/\sigma_1$ für zwei
statistische Sicherheiten $S = 1-\alpha = 99\%$ (Eingriffsgrenzen) und $S_1 = 1-\alpha_1 = 95\%$
(Warngrenzen) und zwei Probengrößen $n = 5$ und $n = 10$ dargestellt.

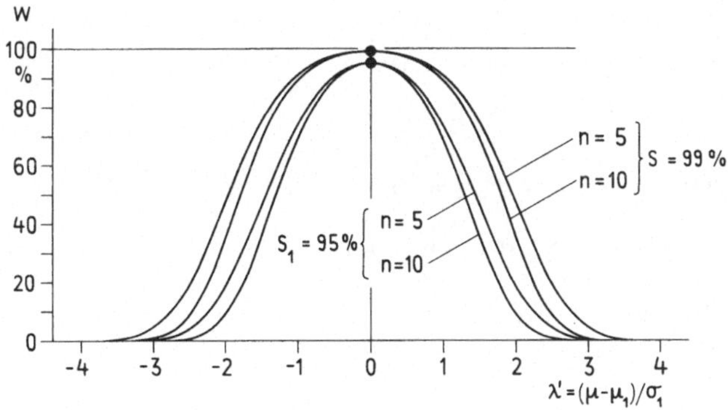


Abb. 7.2.1  Zur Wirksamkeit von Extremwertkarten bei Ver-
schiebung des Mittelwerts $\mu$ von $\mu_1$ zu $\mu = \mu_1 + \lambda' \, \sigma_1$ ; W ist
die Wahrscheinlichkeit, daß die Verschiebung um $\lambda' \, \sigma_1$ von der
Karte nicht angezeigt wird.

Es liegt nahe, die Wirksamkeit von Extremwertkarte und $\bar{x}$-Karte zu vergleichen. In Abb. 7.2.2 ist dieser Vergleich für $S = 1-\alpha = 99\%$ und die Proben-

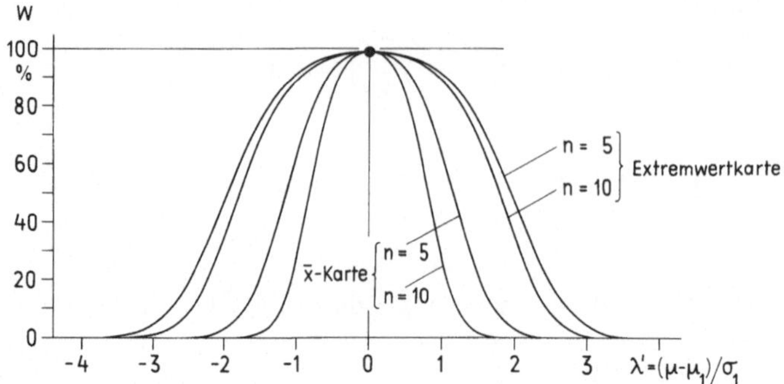


Abb. 7.2.2  Vergleich der Wirksamkeit von $\bar{x}$-Karte und Extremwertkarte bei Verschiebung des Mittelwerts $\mu$ von $\mu_1$ zu $\mu_1 + \lambda'\sigma_1$ .

größen $n = 5$ und $n = 10$ durchgeführt worden. Die Kennlinie der $\bar{x}$-Karte bei zweiseitiger Abgrenzung ist nach (2.4.5)

$$W(\lambda'|n\,;\,\alpha) = \Phi(u_{1-(\alpha/2)} - \lambda'\sqrt{n}) - \Phi(-u_{1-(\alpha/2)} - \lambda'\sqrt{n}) \ ,$$

wobei $\lambda' = (\mu - \mu_1)/\sigma_1$ ist. Ersichtlich deckt die $\bar{x}$-Karte bei gleichem $n$ eine bestimmte Mittelwertsverschiebung $\lambda'$ mit erheblich größerer Wahrscheinlichkeit $(1-W)$ auf als eine Extremwertkarte. Wenn es bei der Fertigung darauf ankommt, auch "kleine" Verschiebungen des Mittelwerts im Bereich $0 < |\mu - \mu_1| \lesssim \sigma_1$ bzw. $|\lambda'| \lesssim 1$ aufzudecken, so ist allein die $\bar{x}$-Karte dazu geeignet.

(b)  Vergrößerung der Standardabweichung $\sigma$ von $\sigma_1$ zu $\sigma = \lambda''\sigma_1$ bei festem Mittelwert $\mu = \mu_1$ bzw. $\lambda' = 0$ .

In diesem Sonderfall wird aus (7.2.6)

$$(7.2.12) \quad W = W(0\,;\,\lambda''|n\,;\,\alpha) = \left[\Phi(v/\lambda'') - \Phi(-v/\lambda'')\right]^n = \left[2\,\Phi(v/\lambda'')-1\right]^n$$

Für $\sigma = \sigma_1$ bzw. $\lambda'' = 1$ wird ebenso wie in (7.2.10)

$$W(0\,;\,1|n\,;\,\alpha) = 1-\alpha \ ,$$

wie es sein muß.

In Abb. 7.2.3 werden die Wirkungskennlinien $W(0\,;\,\lambda''|n\,;\,\alpha)$ einer Extremwertkarte mit den Kennlinien $W(\lambda''|n\,;\,\alpha)$ einer R-Karte für $S = 1-\alpha = 99\%$

und  n = 5  bzw.  n = 10  verglichen. Die Kennlinie der  R-Karte  bei einseitiger
Abgrenzung ist nach  (5.6.4)

$$W(\lambda''|n\ ;\ \alpha)\ =\ \Psi_n(w_{n;1-\alpha}/\lambda'')\ ,$$

wobei  $\lambda'' = \sigma/\sigma_1$  ist.

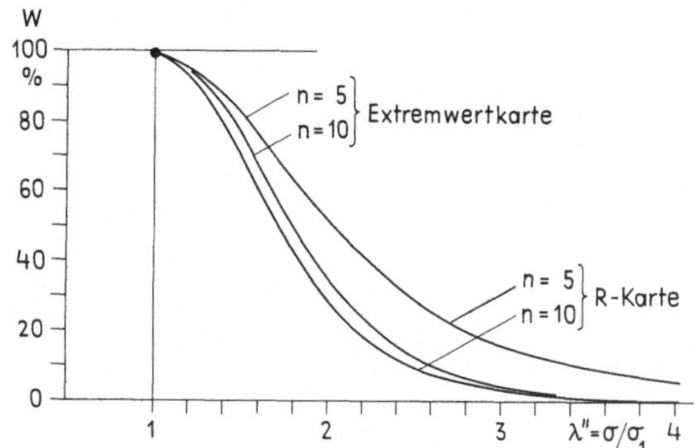



Abb. 7.2.3  Vergleich der Wirksamkeit von  R-Karte  und
Extremwertkarte bei Vergrößerung der Standardabweichung  $\sigma$
von  $\sigma_1$  zu  $\lambda''\sigma_1$  ; (99%-Grenzen) .

Die beiden Kennlinien für  n = 5  liegen im ganzen Verlauf so nahe beieinander,
daß bei den gewählten Maßstäben nur eine gezeichnet werden konnte. Auch für
n = 10  sind die Unterschiede noch sehr gering. Infolgedessen kann man beide
Karten für  $5 \lessgtr n \lessgtr 10$  als nahezu gleich wirksam ansehen.

## 7.3  Andere Ermittlung der Eingriffsgrenzen der Extremwertkarte bei gegebenem Wertepaar $(\mu_1;\ \sigma_1)$

Zuweilen berechnet man die Eingriffsgrenzen der Extremwertkarte auf Grund
einer anderen Ueberlegung. Wenn die Fertigung mit den Parametern  $(\mu_1\ ;\ \sigma_1)$
läuft, so wird die obere Eingriffsgrenze  $x_{(n);1-(\alpha/2)}$  so bestimmt, daß sie von
dem größten Wert  $x_{(n)}$  einer Probe der Größe  n  mit der Wahrscheinlichkeit
$S = 1-(\alpha/2)$  unterschritten wird,

$$(7.3.1)\quad W\left\{x_{(n)} \leqq x_{(n);1-(\alpha/2)}\middle|\ \mu_1\ ;\ \sigma_1\right\} = 1 - (\alpha/2)\ .$$

Standardisiert man die Meßwerte  $x_\nu$  mit Hilfe von  $\mu_1$  und  $\sigma_1$  zu  $u_\nu$  ebenso
wie in  (7.1.3) , so muß jetzt entsprechend zu  (7.1.4)  gelten

$$(7.3.2)\quad (u_1\ ;\ u_2\ ;\ u_3\ ;\ \dots\ ;\ u_n) \leqq u_{(n);1-(\alpha/2)}\ ,$$

wobei entsprechend (7.1.6) zwischen der ursprünglichen und der standardisierten Grenze die Beziehung

$$(7.3.3) \quad x_{(n);1-(\alpha/2)} = \mu_1 + u_{(n);1-(\alpha/2)} \, \sigma_1$$

besteht. Für die weitere Rechnung sei $u_{(n);1-(\alpha/2)}$ kurz mit $v'(n\,;\,\alpha) \equiv v'$ bezeichnet. Die Wahrscheinlichkeit, daß die erste "Beobachtung" $u_1$ gemäß (7.3.2) unter $v'$ liegt, ist

$$W\left\{u_1 \leq v' \middle| \mu_1 \,;\, \sigma_1 \right\} = \Phi(v') \ .$$

Die Wahrscheinlichkeit, daß alle n "Meßwerte" $u_\nu$ unter $v'$ liegen, wird

$$(7.3.4) \quad W\left\{(u_1\,;\,u_2\,;\,\dots\,;\,u_n) \leq v' \middle| \mu_1\,;\,\sigma_1 \right\} = \Phi^n(v') \ .$$

Wegen $u_{(1)} \leq u_{(2)} \leq \dots \leq u_{(n)}$ ist die letzte Beziehung gleichwertig mit

$$(7.3.5) \quad W\left\{u_{(n)} \leq v' \middle| \mu_1\,;\,\sigma_1 \right\} = \Phi^n(v') \ .$$

Mit (7.3.1) hat man demnach zur Berechnung des standardisierten Schwellenwertes $v' \equiv u_{(n);1-(\alpha/2)}$ die Gleichung

$$(7.3.6) \quad \Phi^n(v') = 1 - (\alpha/2)$$

oder

$$(7.3.7) \quad \Phi(v') = \sqrt[n]{1 - (\alpha/2)} \approx 1 - \frac{\alpha}{2n} \ .$$

Wie ein Vergleich mit (7.1.12) zeigt, stimmt $v' = v'(n;\alpha)$ aus (7.3.7) praktisch mit $v = v(n;\alpha)$ aus (7.1.11) überein. Die zu $v' \equiv u_{(n);1-(\alpha/2)}$ nach (7.3.3) gehörende Eingriffsgrenze $x_{(n);1-(\alpha/2)} = \mu_1 + v'(n;\alpha)\,\sigma_1$ stimmt demnach (nahezu) mit der im Abschnitt 7.1 berechneten Eingriffsgrenze $(x_{max})_O = \mu_1 + v(n;\alpha)\,\sigma_1$ überein, so daß hier auf die weitere Auswertung verzichtet werden kann.

$\underline{3\,\sigma\left\{x_{(n)}\right\}\text{-Grenzen für } x_{(n)}}$ .

Wenn man die Verteilung der Prüfgrößen $x_{(n)}$ bzw. $u_{(n)}$ zugrundelegt, kann man die obere Eingriffsgrenze auch in der Gestalt

$$(7.3.8) \quad x_{(n)O} = M\left\{x_{(n)}\right\} + 3\,\sigma\left\{x_{(n)}\right\}$$

wählen. Zur Berechnung betrachtet man die Verteilung der standardisierten Werte $u_{(n)} = (x_{(n)} - \mu)/\sigma$ . Ihre Summenfunktion $\Psi$ hat auf Grund von Gleichung (7.3.5) die Gestalt

$$(7.3.9) \quad \Psi(u_{(n)}) = \Phi^n(u_{(n)}) \ ,$$

wobei $\Phi(u)$ wie bisher die Summenfunktion der standardisierten Normalverteilung bedeutet. Den Mittelwert $M\{u_{(n)}\}$ findet man leicht aus $M\{R/\sigma\} = \alpha_n$. Es gilt nämlich wegen der Symmetrie der Normalverteilung bezüglich $u = 0$

$$(7.3.10) \quad M\{u_{(n)}\} + M\{u_{(1)}\} = 0 .$$

Ferner ist

$$(7.3.11) \quad M\{u_{(n)}\} - M\{u_{(1)}\} = M\{u_{(n)} - u_{(1)}\} = M\{R/\sigma\} = \alpha_n .$$

Addiert man die letzten beiden Gleichungen, so findet man

$$(7.3.12) \quad 2\,M\{u_{(n)}\} = \alpha_n \quad \text{oder} \quad M\{u_{(n)}\} = \alpha_n/2 = -M\{u_{(1)}\} .$$

Die Varianz $V\{u_{(n)}\}$ muß man über die Dichte der Verteilung von $u_{(n)}$

$$\psi(u_{(n)}) = n\,\Phi^{n-1}(u_{(n)})\,\varphi(u_{(n)}) ,$$

berechnen, was hier nicht weiter ausgeführt werden soll. Man findet schließlich die Varianz

$$(7.3.13) \quad V\{u_{(n)}\} = d_4^2(n)$$

und die Standardabweichung

$$(7.3.14) \quad \sigma\{u_{(n)}\} = d_4(n) ,$$

wobei man $d_4(n)$ in Abhängigkeit von $n$ aus Zahlentafel 7.3.1 entnimmt. Macht man die Standardisierung von $x$ zu $u$ wieder rückgängig, so folgt aus

$$(7.3.15) \quad x_{(n)} = \mu + u_{(n)}\,\sigma$$

der Mittelwert von $x_{(n)}$,

$$(7.3.16) \quad M\{x_{(n)}\} = \mu + (\alpha_n/2)\,\sigma ,$$

und die Standardabweichung von $x_{(n)}$,

$$(7.3.17) \quad \sigma\{x_n\} = d_4(n)\,\sigma .$$

Die gesuchte obere $3\,\sigma\{x_{(n)}\}$-Eingriffsgrenze zur Ueberwachung von $(\mu\,;\,\sigma)$ bei gegebenem Wertepaar $(\mu_1\,;\,\sigma_1)$ wird infolgedessen

$$x_{(n)O} = \mu_1 + (\alpha_n/2)\,\sigma_1 + 3\,d_4(n)\,\sigma_1$$

oder

$$(7.3.18) \quad x_{(n)O} = \mu_1 + \left[(\alpha_n/2) + 3\,d_4(n)\right]\sigma_1 .$$

Für die untere $3\,\sigma\{x_{(n)}\}$-Eingriffsgrenze gilt

$$(7.3.19) \quad x_{(1)U} = \mu_1 - \left[(\alpha_n/2) + 3\,d_4(n)\right]\sigma_1 \ .$$

Die Zahlentafel 7.3.1 gibt für $2 \leqq n \leqq 10$ einige Werte für $\alpha_n/2$, $d_4(n)$ und den "Abgrenzungsfaktor" $(\alpha_n/2) + 3\,d_4(n)$. Die Unterschiede der Faktoren $\left[(\alpha_n/2) + 3\,d_4(n)\right]$ und der Faktoren $(u_{max})_O$ zur statistischen Sicherheit S = 99% aus Zahlentafel 7.1.1 sind für den praktischen Gebrauch der Karten nicht wesentlich.

| Zahlentafel 7.3.1 | | |
|---|---|---|
| Faktoren zur Berechnung der $3\,\sigma\{x_{(n)}\}$-Eingriffsgrenze $x_{(n)O}$ der Extremwertkarte | | |
| Probengröße<br>n | $M\{u_{(n)}\} = \alpha_n/2$ | $\sigma\{u_{(n)}\}$<br><br>$= d_4(n)$ | $u_{(n)O} = (x_{(n)O} - \mu_1)/\sigma_1$<br><br>$= (\alpha_n/2) + 3\,d_4(n)$ |
| 2 | 0,564 | 0,826 | 3,04 |
| 3 | 0,846 | 0,748 | 3,09 |
| 4 | 1,029 | 0,701 | 3,13 |
| 5 | 1,163 | 0,669 | 3,17 |
| 6 | 1,267 | 0,645 | 3,20 |
| 7 | 1,352 | 0,626 | 3,23 |
| 8 | 1,424 | 0,611 | 3,26 |
| 9 | 1,485 | 0,598 | 3,28 |
| 10 | 1,539 | 0,587 | 3,30 |

## 7.4 Bestimmung der Eingriffsgrenzen der Extremwertkarte aus einem Vorlauf. Einfluß der Schätzwerte auf die Wirkungskennlinie

Wenn der Mittelwert $\mu_1$ und die Standardabweichung $\sigma_1$ einer Fertigung nicht vorgegeben sind, sondern ein bestehender "zufriedenstellender" Zustand mit $(\mu_0 ; \sigma_0)$ eingehalten werden soll [ wobei man das Wertepaar $(\mu_0 ; \sigma_0)$ nicht kennt ] , so verschafft man sich Schätzwerte für $(\mu_0 ; \sigma_0)$ aus einem Vorlauf und setzt sie anstelle von $(\mu_1 ; \sigma_1)$ in die vorstehend gegebenen Formeln zur Berechnung der Eingriffsgrenzen ein. Wählt man beispielsweise das Wertepaar $(\bar{\bar{x}} ; \hat{\sigma})$ für $(\mu_0 ; \sigma_0)$ , so werden die Eingriffsgrenzen nach (7.1.13) und (7.1.14)

$$(7.4.1) \quad (x_{min})_U = \bar{\bar{x}} - v\,\hat{\sigma} \quad \text{und} \quad (x_{max})_O = \bar{\bar{x}} + v\,\hat{\sigma} \ .$$

Zur Berechnung der Wirkungskennlinie in Abhängigkeit von $\mu$ und $\sigma$ hat man entsprechend zu (7.2.4) die Grenzen (7.4.1) mit Hilfe des Wertepaars $(\mu ; \sigma)$ zu standardisieren. Es wird

$$(7.4.2) \quad u_U = \frac{(x_{min})_U - \mu}{\sigma} \quad \text{und} \quad u_O = \frac{(x_{max})_O - \mu}{\sigma} \ .$$

Die gesuchte Wahrscheinlichkeit $W$ , mit der man sich bei $(\mu ; \sigma)$ für die Hypothese $(\mu = \mu_0 ; \sigma = \sigma_0)$ entscheidet, wird dann entsprechend zu (7.2.6)

$$(7.4.3) \quad W = \left[ \Phi(u_O) - \Phi(u_U) \right]^n \ .$$

Setzt man $(x_{min})_U$ und $(x_{max})_O$ aus (7.4.1) , ferner

$$(7.4.4) \quad \mu = \mu_0 + \lambda'\,\sigma_0 \quad \text{und} \quad \sigma = \lambda''\,\sigma_0$$

in (7.4.2) ein, so findet man

$$(7.4.5) \quad \begin{aligned} \lambda''\,u_U &= -(\hat{\sigma}/\sigma_0)v - \lambda' + (\bar{\bar{x}} - \mu_0)/\sigma_0 \ , \\ \lambda''\,u_O &= (\hat{\sigma}/\sigma_0)v - \lambda' + (\bar{\bar{x}} - \mu_0)/\sigma_0 \ . \end{aligned}$$

Hat man das Wertepaar $(\mu_0 ; \sigma_0)$ zufällig richtig geschätzt, so ist $\bar{\bar{x}} = \mu_0$ und $\hat{\sigma} = \sigma_0$ . In diesem Sonderfall wird

$$(7.4.6) \quad u_U = -(v + \lambda')/\lambda'' \quad \text{bzw.} \quad u_O = (v - \lambda')/\lambda'' \ ,$$

und die Kennlinie (7.4.3) stimmt genau mit der Kennlinie (7.2.6) überein (wie es sein muß). Hat man das Wertepaar $(\mu_0 ; \sigma_0)$ nicht richtig geschätzt, so hängt der Verlauf der Kennlinie von dem im Vorlauf zufällig gefundenen Wertepaar

$(\bar{\bar{x}} \; ; \; \hat{\sigma})$ ab. Den Einfluß der Schätzfehler von $\bar{\bar{x}}$ und $\hat{\sigma}$ untersucht man zweckmäßig getrennt.

(1) Es sei $\bar{\bar{x}}$ mit einem Schätzfehler behaftet, $\hat{\sigma} = \sigma_0$ jedoch nicht. Dann wird in (7.4.5) $\hat{\sigma}/\sigma_0 = 1$ . Denkt man sich den Vorlauf ohne Störung mehrfach durchgeführt, so ist die Zufallsgröße

$$(7.4.7) \quad z = (\bar{\bar{x}}-\mu_0)/(\sigma_0/\sqrt{kn})$$

standardisiert normal verteilt. Mit der statistischen Sicherheit $S = 1-\beta$ gilt $|z| \leq u_{1-(\beta/2)}$ . Damit hat man für die zugehörige Kennlinie

$$W = W(\lambda' \; ; \; \lambda''|n \; ; \; k \; ; \; \alpha \; ; \; \beta)$$

nach (7.4.3) und (7.4.5) äußerstenfalls

$$(7.4.8) \quad W = \left[ \Phi\left(\frac{v - \lambda' + \epsilon}{\lambda''}\right) - \Phi\left(\frac{-v - \lambda' + \epsilon}{\lambda''}\right) \right]^n ,$$

wobei zur Abkürzung

$$(7.4.9) \quad \epsilon = \pm \frac{1}{\sqrt{nk}} \, u_{1-(\beta/2)} = \epsilon(n \; ; \; k \; ; \; \beta)$$

gesetzt wurde; $\epsilon$ muß in beiden Argumenten von $\Phi$ jeweils mit gleichem Vorzeichen eingesetzt werden. Wählt man $S = 1-\beta = 95\%$ mit $u_{1-(\beta/2)} = 1,96 \approx 2$ , ferner im Vorlauf $n = 5$ und $k = 25$ , so wird $\epsilon = \pm 0,18$ . An der Stelle ($\lambda' = 0$ ; $\lambda'' = 1$) bzw. ($\mu = \mu_0$ ; $\sigma = \sigma_0$), an der keine Störung vorliegt, gilt insbesondere

$$(7.4.10) \quad W(0 \; ; \; 1) = \left[ \Phi(v + \epsilon) - \Phi(-v + \epsilon) \right]^n .$$

Mit $\Phi(-y) = 1 - \Phi(y)$ wird daraus

$$(7.4.11) \quad W(0 \; ; \; 1) = \left[ \Phi(v + \epsilon) + \Phi(v - \epsilon) - 1 \right]^n .$$

Ersetzt man in der letzten Gleichung $\epsilon$ durch $-\epsilon$ , so bleibt $W(0 \; ; \; 1)$ ungeändert. Betrachtet man $W(\lambda' \; ; \; \lambda'')$ nur an der Stelle $(\lambda' = 0 \; ; \; \lambda'' = 1)$ , also $W(0 \; ; \; 1)$, dann ist es gleichgültig, ob $\bar{\bar{x}}$ mit einem Schätzfehler nach oben oder unten behaftet ist.

Setzt man in (7.4.11) beispielsweise $v(n \; ; \; \alpha) = v(5 \; ; \; 1\%) = 3,09$ aus Zahlentafel 7.1.1 ein, so hat man mit $\epsilon = 0,18$

$$(7.4.12) \quad W(0 \; ; \; 1) = \left[ \Phi(3,27) + \Phi(2,91) - 1 \right]^5 = 98,8\% ,$$

anstelle des geforderten Wertes $S = 1-\alpha = 99\%$ . Der Einfluß des Schätzfehlers von $\bar{\bar{x}}$ auf den Verlauf der Wirkungskennlinie der Extremwertkarte ist damit vernachlässigbar klein. Dieses Ergebnis läßt sich nach (7.4.11) vermuten.

Setzt man dort in erster Näherung

$$(7.4.13) \quad \Phi(v \pm \epsilon) = \Phi(v) \pm \epsilon\, \varphi(v) ,$$

so fällt $\epsilon$ heraus. Es bleibt $W(0;1) \approx \left[\,2\,\Phi(v) - 1\,\right]^n$ , was nach (7.1.10) dem geforderten Wert $(1-\alpha)$ entspricht.

(2)　Es sei $\hat{\sigma}$ mit einem Schätzfehler behaftet, $\bar{\bar{x}} = \mu_0$ jedoch nicht. Dann wird aus (7.4.5)

$$(7.4.14) \quad u_U = -\frac{(\hat{\sigma}/\sigma_0)\, v + \lambda'}{\lambda''} \quad \text{und} \quad u_O = \frac{(\hat{\sigma}/\sigma_0)\, v - \lambda'}{\lambda''} .$$

Denkt man sich den Vorlauf ohne Störung mehrfach durchgeführt, so liegt der Quotient $\hat{\sigma}/\sigma_0$ mit der statistischen Sicherheit $S = 1-\beta$ in den Grenzen

$$(7.4.15) \quad 1 - \frac{1}{\sqrt{k}}\, u_{1-(\beta/2)}\, Q(n) \leq \frac{\hat{\sigma}}{\sigma_0} \leq 1 + \frac{1}{\sqrt{k}}\, u_{1-(\beta/2)}\, Q(n) ,$$

wie in (2.8.7) gezeigt wurde. Setzt man abkürzend

$$(7.4.16) \quad \frac{1}{\sqrt{k}}\, u_{1-(\beta/2)}\, Q(n) = \delta = \delta(n;k;\beta) ,$$

so hat man für die zugehörige Kennlinie

$$W = W(\lambda';\lambda''|n;k;\alpha;\beta)$$

nach (7.4.3) und (7.4.14) bis (7.4.16) äußerstenfalls

$$(7.4.17) \quad W = \left[\, \Phi\!\left(\frac{(1 \pm \delta)\, v - \lambda'}{\lambda''}\right) - \Phi\!\left(\frac{-(1 \pm \delta)\, v - \lambda'}{\lambda''}\right)\right]^n .$$

Wählt man $S = 1-\beta = 95\%$ und im Vorlauf $n = 5$ und $k = 25$ , so wird $\delta = \delta_{III} = 0,15$ , wenn man $\sigma_0$ durch $\hat{\sigma}_{III} = \bar{R}/\alpha_n$ schätzt. An der Stelle $(\lambda' = 0;\lambda'' = 1)$ bzw. $(\mu = \mu_0;\sigma = \sigma_0)$, an der keine Störung vorliegt, gilt insbesondere

$$W(0;1) = \left[\, \Phi(v \pm \delta\, v) - \Phi(-v \mp \delta\, v)\right]^n$$

oder

$$(7.4.18) \quad W(0;1) = \left[\,2\,\Phi(v \pm \delta\, v) - 1\,\right]^n .$$

Setzt man in (7.4.18) beispielsweise $v(n;\alpha) = v(5;1\%) = 3,09$ aus Zahlentafel 7.1.1 ein, so hat man mit $\delta = \delta_{III} = 0,15$

$$W(0;1) = \left[\,2\,\Phi(3,09 \pm 0,15) - 1\,\right]^5 ,$$

also nach oben　　$W'(0;1) = \left[\,2\,\Phi(3,24) - 1\,\right]^5 = 99,4\%$

und nach unten　　$W''(0;1) = \left[\,2\,\Phi(2,94) - 1\,\right]^5 = 98,4\%$ ,

im Vergleich zu dem geforderten Wert $S = 1-\alpha = 99\%$ . Der Einfluß des Schätzfehlers von $\hat{\sigma}$ auf den Verlauf der Wirkungskennlinie der Extremwertkarte bleibt damit in sehr engen Grenzen.

## 7.5  Die Extremwertkarte (Urwertkarte) bei vorgegebenen Toleranzgrenzen; Fertigung mit Gang

Für die Merkmalwerte x der Fertigung seien Toleranzgrenzen $T_U$ und $T_O$ vorgegeben, die nicht unter- und überschritten werden sollen. Es sei die Toleranzbreite $2b = T_O - T_U$ groß gegen den "Streubereich" der Fertigung $6\,\sigma_1$,

$$(7.5.1) \quad T_O - T_U \gg 6\,\sigma_1 \,,$$

so daß (mehr oder weniger große) Mittelwertverschiebungen von der Toleranzmitte $T_m = (T_O + T_U)/2$ aus nach oben und unten zulässig sind. Ein Beispiel ist in Abb. 7.5.1 dargestellt.

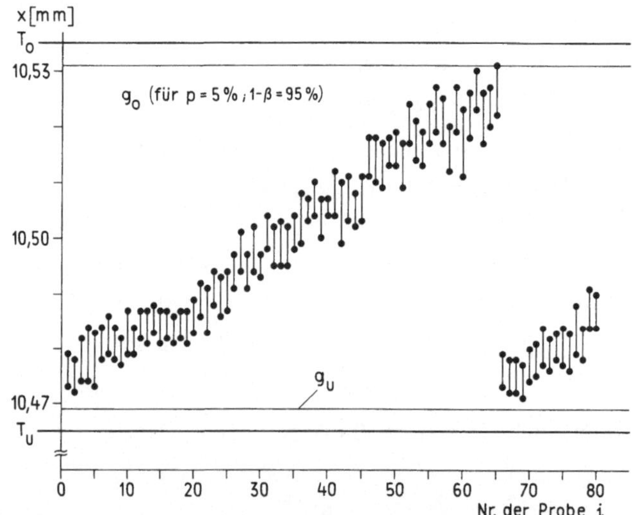


Abb. 7.5.1  Extremwertkarte mit Gang in der Fertigung ; (x = Wellenaußendurchmesser [ mm ] ) .

Wenn beispielsweise auf einer Automatendrehbank Wellen auf einen bestimmten Durchmesser abgedreht werden, so nimmt der Durchmesser auf Grund des Abdrehvorgangs bei den aufeinanderfolgenden Stücken langsam zu, weil sich der Drehstahl abnutzt. Wenn man laufend "Stücke" zum Färben in ein Farbbad taucht, so nimmt der %–Gehalt an Farbstoff im Bad mit der Zahl der gefärbten Stücke ab. In beiden Beispielen handelt es sich um "Fertigungen mit Gang". Der Mittelwert $\mu$ der Verteilung bleibt nicht fest, sondern ändert sich (nahezu) linear mit der Zeit $t$ , $\mu = \mu(t)$ , wie man in Abb. 7.5.1 deutlich erkennt. Die Standardabweichung $\sigma = \sigma_1$ der Fertigung bleibt dagegen über lange Zeit (nahezu) unveränderlich (etwa die Maschinenstreuung im ersten Beispiel). Wenn sich die Fertigung einer Toleranzgrenze nähert, so muß sie "neu eingestellt" werden (Nachstellen des Drehstahls ; Erneuerung des Farbgehalts, ... ), damit die Merkmalwerte $x$ der erzeugten Teile innerhalb der vorgegebenen Toleranzgrenzen $T_U \leqq x \leqq T_O$ bleiben. Einrichtzeiten sind Verlustzeiten für den Betrieb. Um sie auf ein Mindestmaß herabzusetzen, muß man den Toleranzbereich vollständig ausfahren. Diesem Ziel kommt man mit Hilfe der Extremwertkarte sehr nahe.

Die Eingriffsgrenzen.

Als Prüfgröße (Indikator) , mit der man den geeigneten Zeitpunkt für eine "Umstellung" erkennt, wählt man die Extremwerte von Proben der Größe $n$ . Man entnimmt der Fertigung in festen Zeitabständen zu den Zeitpunkten $t_i$ , $i = 1$ ; $2$ ; $3$ ; ... , die $n$ Einzelwerte $x_{i\nu}$ , $\nu = 1$ ; $2$ ; ... ; $n$ , und trägt sie in die Karte auf der Senkrechten durch $t_i$ ein. Dann verbindet man den größten Wert jeder Probe,

$$(7.5.2) \quad x_{max} \equiv x_{(n)} \ ,$$

mit ihrem kleinsten Wert

$$(7.5.3) \quad x_{min} \equiv x_{(1)} \ ,$$

wie es in Abb. 7.5.1 geschehen ist. Die Spannweite der Probe,

$$(7.5.4) \quad R = x_{(n)} - x_{(1)} \ ,$$

d.h. die Länge der Strecke, ist ein Maß für die jeweilige Streuung der Fertigung. In Abb. 7.5.1 erkennt man, daß die Streuung praktisch unverändert bleibt, daß dagegen der Mittelwert einen linearen Gang (Trend) aufweist. Die Fertigung wird "neu eingestellt" , wenn $x_{(n)} \equiv x_{max}$ die obere Eingriffsgrenze $g_O$ überschreitet oder wenn $x_{(1)} \equiv x_{min}$ die untere Eingriffsgrenze $g_U$ unterschreitet. Gesucht wird die Lage dieser Grenzen bzw. ihr Abstand $a$ von der oberen Toleranzgrenze $T_O$ bzw. der unteren Toleranzgrenze $T_U$ .

In Abb. 7.5.2 ist $T_m$ die Toleranzmitte. Im Laufe der Zeit verschiebt sich die Verteilung der Merkmalwerte $x$ (bei fester Varianz) nach rechts. Dabei wandert die Summenlinie der Extremwerte $x_{(n)}$ (die in Abb. 7.5.2 als $\Psi = \Phi^n$

angedeutet ist)  mit. In der eingezeichneten Lage $\mu = \mu_O$ (in der Nähe der oberen Toleranzgrenze $T_O$ ) läuft die Fertigung mit dem augenblicklichen Schlechtanteil $p$ , der gerade noch zugelassen wird. In dieser Lage soll "umgestellt" werden und zwar mit der Wahrscheinlichkeit $1-\beta$ . Da die Umstellung vorge-

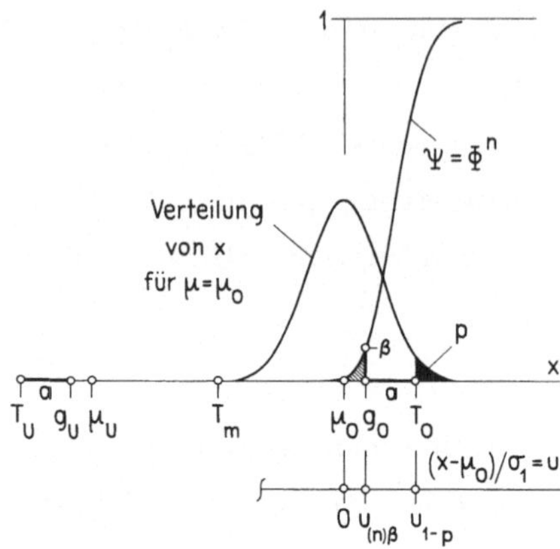


Abb. 7.5.2  Zur Berechnung der Eingriffsgrenzen $T_O - a = g_O$ und $T_U + a = g_U$ der Extremwertkarte bei vorgegebenen Toleranzgrenzen.

nommen wird, wenn die Prüfgröße $x_{(n)}$ die obere Eingriffsgrenze $g_O$ überschreitet, so muß der Anteil $1-\beta$ der Verteilung von $x_{(n)}$ oberhalb $g_O$ liegen. Daraus ergibt sich die Lage der gesuchten Eingriffsgrenzen auf folgende Weise:

Der Abstand der oberen Eingriffsgrenze $g_O$ von der oberen Toleranzgrenze $T_O$ sei $a$ . Wenn die Fertigung im Zeitpunkt der Umstellung mit dem Mittelwert $\mu = \mu_O$ und dem Momentanwert des Schlechtanteils $p$ läuft, so gilt nach Abb. 7.5.2

$$(7.5.5) \quad T_O = \mu_O + u_{1-p}\sigma_1 .$$

Standardisiert man die Extremwerte $x_{max} \equiv x_{(n)}$ in der Lage $\mu_O$ zu

$$(7.5.6) \quad (x_{(n)} - \mu_O)/\sigma_1 = u_{(n)} ,$$

so ist die Verteilung von $u_{(n)}$ von $\mu_O$ und $\sigma_1$ nicht abhängig. Es sei $u_{(n)\beta}$ der (untere) Schwellenwert der Verteilung von $u_{(n)}$ , der mit der Wahrscheinlichkeit $\beta$ unterschritten (und mit der Wahrscheinlichkeit $1-\beta$ überschritten wird), wenn die Werte $x_{(n)}$ bzw. $u_{(n)}$ aus Proben der Größe $n$ stammen. Nach Abb. 7.5.2 muß die Eingriffsgrenze $g_O$ dem Schwellenwert $x_{(n)\beta}$ der

Verteilung von $x_{(n)}$ in der Lage $\mu = \mu_O$ entsprechen,

$$(7.5.7) \quad g_O = x_{(n)\beta} \; .$$

Mit (7.5.6) wird aus der letzten Gleichung

$$(7.5.8) \quad g_O = x_{(n)\beta} = \mu_O + u_{(n)\beta} \; \sigma_1 \; .$$

Bildet man die Differenz zwischen (7.5.5) und (7.5.8) , so fällt $\mu_O$ heraus. Es bleibt

$$(7.5.9) \quad T_O - g_O \equiv a = (u_{1-p} - u_{(n)\beta}) \; \sigma_1 \; .$$

Der gesuchte Abstand $a$ hängt vom zugelassenen Momentanwert $p$ des Schlechtanteils, von der Probengröße $n$ und der Wahrscheinlichkeit $\beta$ für das "NichtUmstellen" der Fertigung in der Lage $\mu = \mu_O$ ab. Die Zahlentafel 7.5.1 gibt

<table>
<tr><td colspan="7" align="center">Zahlentafel 7.5.1</td></tr>
<tr><td colspan="7">Schwellenwerte $u_{1-p}$ und $u_{(n)\beta}$ zur Berechnung der Eingriffsgrenzen $g_U$ und $g_O$ einer Extremwertkarte bei vorgegebenen Toleranzgrenzen</td></tr>
<tr><td>$p$<br>$u_{1-p}$</td><td colspan="2">0, 1%<br>3, 090</td><td colspan="2">1%<br>2, 326</td><td>2%<br>2, 054</td><td>5%<br>1, 645</td></tr>
<tr><td>$\beta$   $n$</td><td>3</td><td>4</td><td>5</td><td>8</td><td>10</td><td>15</td></tr>
<tr><td>1%</td><td>−0, 788</td><td>−0, 478</td><td>−0, 259</td><td>0, 157</td><td>0, 335</td><td>0, 630</td></tr>
<tr><td>5%</td><td>−0, 336</td><td>−0, 068</td><td>0, 124</td><td>0, 489</td><td>0, 647</td><td>0, 912</td></tr>
<tr><td>10%</td><td>−0, 090</td><td>0, 157</td><td>0, 335</td><td>0, 674</td><td>0, 821</td><td>1, 070</td></tr>
</table>

einige Schwellenwerte $u_{1-p}$ und $u_{(n)\beta}$ . Entsprechend zu (7.5.9) ,

$$g_O = T_O - a \; ,$$

gilt an der unteren Toleranzgrenze $T_U$ aus Symmetriegründen

$$(7.5.10) \quad g_U = T_U + a \; .$$

Ueberschreitet der größte Wert $x_{(n)}$ einer Probe der Größe $n$ die Eingriffsgrenze $g_O$ (oder unterschreitet der kleinste Wert $x_{(1)}$ die Eingriffsgrenze $g_U$ ), so ist der Mittelwert der Fertigung neu einzustellen. Abb. 7.5.3 zeigt die Karte mit Toleranz- und Eingriffsgrenzen.

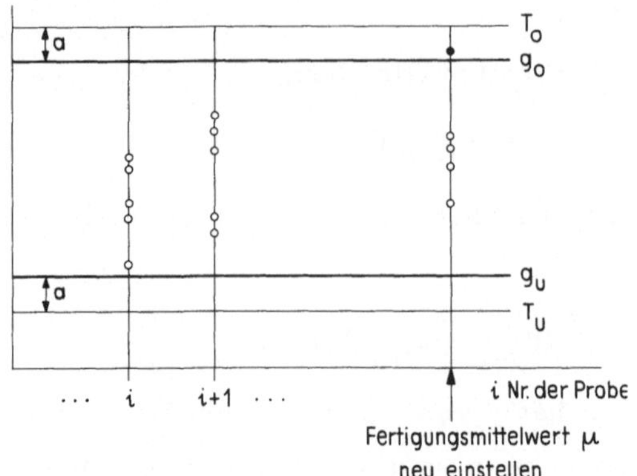


Abb. 7.5.3 Die Extremwertkarte mit den Eingriffsgrenzen
bei $g_O = T_O - a$ und $g_U = T_U + a$ .

Eine Faustregel der Praxis.

Es sei $T_m = (T_U + T_O)/2$ die Toleranzmitte und

(7.5.11) $\quad T_O - T_U = 2\,b$

die Toleranzbreite. Häufig legt man in der betrieblichen Praxis die Eingriffsgrenzen für $x_{max} \equiv x_{(n)}$ bzw. $x_{min} \equiv x_{(1)}$ im Abstand

(7.5.12) $\quad b_K = \pm (3/4)\,b$

von der Toleranzmitte $T_m$ . Im folgenden wird diese "Faustregel" kritisch be-
leuchtet.

Es sei die Probengröße $n = 5$ , der zulässige Momentanwert für den Schlechtanteil $p = 5\%$ und die Wahrscheinlichkeit $1-\beta = 95\%$ gewählt. Dann entnimmt man
aus Zahlentafel 7.5.1 $u_{1-p} = 1,645$ und $u_{(n)\beta} = u_{(5);5\%} = 0,124$ . Damit wird
nach (7.5.9)

$$a = (1,645 - 0,124)\,\sigma_1 = 1,521\,\sigma_1 \ .$$

Weiter ist (von der Toleranzmitte $T_m$ aus) $b_K + a = b$ oder

(7.5.13) $\quad \dfrac{b_K}{b} = 1 - \dfrac{a}{b} = 1 - 1,521\,\dfrac{\sigma_1}{b} \ .$

Wenn $b_K/b = 3/4$ sein soll, so muß zusätzlich zu dem gewählten Wertetripel
$(n\,;\,p\,;\,\beta)$ noch

(7.5.14) $\quad \dfrac{\sigma_1}{b} \approx \dfrac{1}{6} \qquad$ oder $\qquad 2\,b/6\,\sigma_1 \approx 2$

gelten.  $6\,\sigma_1$ ist (nahezu) der gesamte Streubereich der Maschine. Nur wenn bei dem gewählten Tripel (n ; p ; ß) die Toleranzbreite  2 b  das Doppelte des "Streubereichs"  $6\,\sigma_1$  der Maschine ist, gilt die eingangs erwähnte "Faustregel" zur Berechnung der Kontrollgrenzen. Für  $\sigma_1/b > 1/6$  ist bei dem gewählten Tripel (n ; p ; $\alpha$) das Verhältnis  $b_K/b < 3/4$ ; in dem Falle sollte man die Regel nicht verwenden. Für  $\sigma_1/b < 1/6$  ist  $b_K/b > 3/4$ ; in dem Falle darf man sie zwar verwenden, aber man fährt den zugelassenen Toleranzbereich nicht vollständig aus. Man stellt die Fertigung bereits um, wenn es noch gar nicht erforderlich ist.

Die Wirkungskennlinie  $W(\lambda|n ; ß)$  der Extremwertkarte.

Bei einem beliebigen Mittelwert  $\mu = \mu_O + \lambda\,\sigma_1$  hat man die Werte  x  bzw.  $x_{(n)}$ mit Hilfe von  $(\mu ; \sigma_1)$  zu standardisieren,

(7.5.15)   $u = (x - \mu)/\sigma_1$   bzw.   $u_{(n)} = (x_{(n)} - \mu)/\sigma_1$ .

Dann sind die Verteilungen von  u  bzw.  $u_{(n)}$  unabhängig vom Wertepaar  $(\mu ; \sigma_1)$. Man entscheidet sich bei diesem Sachverhalt für das Umstellen der Fertigung, wenn der beobachtete Extremwert  $x_{(n)} \gtreqqless g_O$  ausfällt, d.h. wenn

(7.5.16)   $u_{(n)} = (x_{(n)} - \mu)/\sigma_1 \gtreqqless (g_O - \mu)/\sigma_1$

ist. Setzt man hier  $g_O$  aus (7.5.8) und  $\mu = \mu_O + \lambda\,\sigma_1$  ein, so fallen  $\mu_O$  und  $\sigma_1$  heraus. Es bleibt

(7.5.17)   $u_{(n)} \gtreqqless u_{(n)ß} - \lambda$ .

Bezeichnet man gemäß (7.3.9) mit  $\Psi_n(u_{(n)}) = \Phi^n(u_{(n)})$  die Summenfunktion der Verteilung von  $u_{(n)}$ , so wird die Wahrscheinlichkeit  W  einer Umstellung in der Lage  $\mu$  nach (7.5.17)

(7.5.18)   $W = W(\lambda|n ; ß) = 1 - \Psi_n\left(u_{(n)ß} - \lambda\right)$ .

Für  $\lambda = 0$  ist  $W(0|n ; ß) = 1 - \Psi_n(u_{(n)ß}) = 1 - ß$ , wie es sein muß. Für  $\lambda \to \infty$ (bei Verschiebung des Mittelwerts  $\mu$  von  $\mu_O$  aus nach rechts) gilt $\Phi(u_{(n)ß} - \lambda) \to 0$ ,  $\Phi^n(u_{(n)ß} - \lambda) \equiv \Psi_n \to 0$  und  $W \to 1$ . Für  $\lambda \to -\infty$  (bei Verschiebung des Mittelwerts  $\mu$  von  $\mu_O$  aus nach links) gilt  $\Phi(u_{(n)ß} - \lambda) \to 1$ , $\Phi^n(u_{(n)ß} - \lambda) \equiv \Psi_n \to 1$  und  $W \to 0$ .  Abb. 7.5.4  zeigt den Verlauf der Kennlinien  $W(\lambda|n ; ß)$  über dem Verschiebungsparameter  $\lambda = (\mu - \mu_O)/\sigma_1$  für  ß = 5%  und  n = 5  bzw.  n = 10 . Auf Grund der Herleitung ist  W  die Wahrscheinlichkeit, daß die Fertigung auf einen neuen Mittelwert eingestellt wird. Für  $\mu \geq \mu_O$  bzw.  $\mu \leq \mu_U$  ist die Umstellung mit  $W \geq 1 - ß = 95\%$  "fast sicher" .

Ersichtlich besteht jedoch bereits für Mittelwerte $\mu < \mu_O$ bzw. $\mu > \mu_U$ eine merkliche (im Grunde nicht erwünschte) Wahrscheinlichkeit, die Fertigung neu einzustellen, wenn es noch gar nicht erforderlich ist.

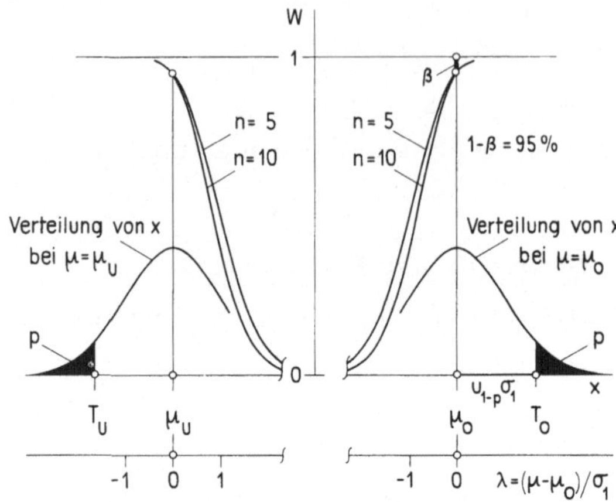


Abb. 7.5.4  Wirkungskennlinien der Extremwertkarte für ß = 5% und n = 5 bzw. n = 10 bei vorgegebenen Toleranzgrenzen.

## 7.6 Zusammenfassung

Es liegt nahe, die Wirksamkeit der vorstehenden Extremwertkarte mit der Wirksamkeit einer $\bar{x}$-Karte des Abschnitts 4.2 bei gleichem Prüfaufwand n zu vergleichen. Dabei zeigt sich, daß die Wahrscheinlichkeit W einer Umstellung für $\mu < \mu_O$ (wo sie unerwünscht ist) bei der $\bar{x}$-Karte erheblich kleiner als bei der Extremwertkarte ist.

In der betrieblichen Praxis hat die Extremwertkarte jedoch den Vorteil, daß man "Lage und Streuung" der Fertigung in einer Karte überwachen kann, ohne irgendwelche Prüfgrößen berechnen zu müssen. Bei der Verwendung der Prüfgrößen $\bar{x}$ und R braucht man zwei Karten und muß die Prüfgrößen erst aus den Meßwerten $(x_1 ; x_2 ; \ldots ; x_n)$ der Probe berechnen. Da man alle Beobachtungen in die Extremwertkarte einträgt, sind zusätzliche Aufschreibungen der Urwerte überflüssig. Die Karte dient infolgedessen gleichzeitig als "Urliste" und hält sämtliche Einzelwerte $x_{i\nu}$ der gezogenen Proben für weitere Auswertungen bereit.

# Tabellen

Folgende Tabellen und Uebersichten im Text werden bei der Anlage von Kontrollkarten gebraucht:

<u>Mittelwertkarten ($\bar{x}$-Karten)</u>

| | | | |
|---|---|---|---|
| Uebersicht | 3.7.1: | Mittelwertkarten ($\bar{x}$-Karten) zur Ueber-<br>wachung der Fertigungslage | 76 |
| Zahlentafel | 3.3.1: | Die A-Faktoren zur Berechnung der<br>Eingriffsgrenzen von $\bar{x}$-Karten mit $\bar{R}$ | 68 |

<u>Zentralwertkarten ($\tilde{x}$-Karten)</u>

| | | | |
|---|---|---|---|
| Uebersicht | 3.7.2: | Zentralwertkarten ($\tilde{x}$-Karten) zur Ueber-<br>wachung der Fertigungslage | 76 |
| Zahlentafel | 3.6.1: | Die $\tilde{C}$-Faktoren zur Berechnung der<br>Eingriffsgrenzen von $\tilde{x}$-Karten mit $\tilde{R}$ | 74 |

<u>Standardabweichungskarten (s-Karten)</u>

| | | | |
|---|---|---|---|
| Uebersicht | 6.4.1: | s-Karten zur Ueberwachung der Ferti-<br>gungsstreuung | 120 |
| Zahlentafel | 5.1.1: | Faktoren zur Berechnung der Eingriffs-<br>grenzen von s-Karten mit $\sigma_1$ | 84 |
| Zahlentafel | 6.1.1: | Faktoren zur Berechnung der Eingriffs-<br>grenzen von s-Karten mit $\bar{s}$ | 115 |

<u>Spannweitenkarten (R-Karten)</u>

| | | | |
|---|---|---|---|
| Uebersicht | 6.4.2: | R-Karten zur Ueberwachung der Ferti-<br>gungsstreuung | 121 |
| Zahlentafel | 5.5.1: | Faktoren zur Berechnung der Eingriffs-<br>grenzen von R-Karten mit $\sigma_1$ | 101 |
| Zahlentafel | 6.2.1: | Faktoren zur Berechnung der Eingriffs-<br>grenzen von R-Karten mit $\bar{R}$ bzw. $\tilde{R}$ | 117 |

<u>$\bar{R}$-Karten</u>

| | | | |
|---|---|---|---|
| Zahlentafel | 5.8.1: | Dimensionslose einseitige obere Eingriffs-<br>grenzen $\bar{R}'_O / \sigma_1$ einer $\bar{R}$-Karte (m=5) | 110 |

Tabelle A . Summenfunktion $\Phi(u)$ der standardisierten Normalverteilung

$$\Phi(u) \ = \ \frac{1}{\sqrt{2\pi}} \ \int_{-\infty}^{u} e^{-t^2/2} \, dt \ ; \ \Phi(u) \ = \ 1 - \Phi(-u)$$

Ablesebeispiel:  $\Phi(0,76) = 0,776373$

| $u$ | 0,00 | 0,01 | 0,02 | 0,03 | 0,04 |
|---|---|---|---|---|---|
| 0,0 | 0,500000 | 0,503989 | 0,507978 | 0,511966 | 0,515953 |
| 0,1 | ,539828 | ,543795 | ,547758 | ,551717 | ,555670 |
| 0,2 | ,579260 | ,583166 | ,587064 | ,590954 | ,594835 |
| 0,3 | ,617911 | ,621720 | ,625516 | ,629300 | ,633072 |
| 0,4 | ,655422 | ,659097 | ,662757 | ,666402 | ,670031 |
| 0,5 | ,691462 | ,694974 | ,698468 | ,701944 | ,705401 |
| 0,6 | ,725747 | ,729069 | ,732371 | ,735653 | ,738914 |
| 0,7 | ,758036 | ,761148 | ,764238 | ,767305 | ,770350 |
| 0,8 | ,788145 | ,791030 | ,793892 | ,796731 | ,799546 |
| 0,9 | ,815940 | ,818589 | ,821214 | ,823814 | ,826391 |
| 1,0 | ,841345 | ,843752 | ,846136 | ,848495 | ,850830 |
| 1,1 | ,864334 | ,866500 | ,868643 | ,870762 | ,872857 |
| 1,2 | ,884930 | ,886861 | ,888768 | ,890651 | ,892512 |
| 1,3 | ,903200 | ,904902 | ,906582 | ,908241 | ,909877 |
| 1,4 | ,919243 | ,920730 | ,922196 | ,923641 | ,925066 |
| 1,5 | ,933193 | ,934478 | ,935745 | ,936992 | ,938220 |
| 1,6 | ,945201 | ,946301 | ,947384 | ,948449 | ,949497 |
| 1,7 | ,955435 | ,956367 | ,957284 | ,958185 | ,959070 |
| 1,8 | ,964070 | ,964852 | ,965620 | ,966375 | ,967116 |
| 1,9 | ,971283 | ,971933 | ,972571 | ,973197 | ,973810 |
| 2,0 | ,977250 | ,977784 | ,978308 | ,978822 | ,979325 |
| 2,1 | ,982136 | ,982571 | ,982997 | ,983414 | ,983823 |
| 2,2 | ,986097 | ,986447 | ,986791 | ,987126 | ,987455 |
| 2,3 | ,989276 | ,989556 | ,989830 | ,990097 | ,990358 |
| 2,4 | ,991802 | ,992024 | ,992240 | ,992451 | ,992656 |
| 2,5 | ,993790 | ,993963 | ,994132 | ,994297 | ,994457 |
| 2,6 | ,995339 | ,995473 | ,995604 | ,995731 | ,995855 |
| 2,7 | ,996533 | ,996636 | ,996736 | ,996833 | ,996928 |
| 2,8 | ,997445 | ,997523 | ,997599 | ,997673 | ,997744 |
| 2,9 | 0,998134 | 0,998193 | 0,998250 | 0,998305 | 0,998359 |

| $u$ | 3,0 | 3,5 | 4,0 | 4,5 | 5,0 |
|---|---|---|---|---|---|
| $\Phi_S(u)$ | $1 - 1,350 \cdot 10^{-3}$ | $1 - 2,326 \cdot 10^{-4}$ | $1 - 3,167 \cdot 10^{-5}$ | $1 - 3,398 \cdot 10^{-6}$ | $1 - 2,867 \cdot 10^{-7}$ |

| $\Phi_S(u)$ | 50% | 60% | 70% | 80% | 90% | 95% |
|---|---|---|---|---|---|---|
| $u$ | 0 | 0,253 | 0,524 | 0,842 | 1,282 | 1,645 |

Für $\Phi(u) = 1-\alpha$ ergeben sich für $u$ die Werte $u_{1-\alpha}$ . Zahlenwerte $u_{1-\alpha}$ + 5
Tafelwerks: FISHER and YATES . Statistical Tables for Biological, Agricultural

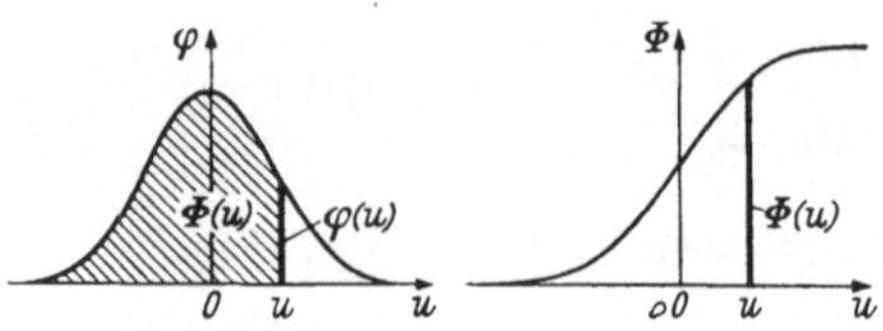

| 0,05 | 0,06 | 0,07 | 0,08 | 0,09 | $u$ |
|---|---|---|---|---|---|
| 0,519939 | 0,523922 | 0,527903 | 0,531881 | 0,535856 | 0,0 |
| ,559618 | ,563559 | ,567495 | ,571424 | ,575345 | 0,1 |
| ,598706 | ,602568 | ,606420 | ,610261 | ,614092 | 0,2 |
| ,636831 | ,640576 | ,644309 | ,648027 | ,651732 | 0,3 |
| ,673645 | ,677242 | ,680822 | ,684386 | ,687933 | 0,4 |
| ,708840 | ,712260 | ,715661 | ,719043 | ,722405 | 0,5 |
| ,742154 | ,745373 | ,748571 | ,751748 | ,754903 | 0,6 |
| ,773373 | ,776373 | ,779350 | ,782305 | ,785236 | 0,7 |
| ,802337 | ,805105 | ,807850 | ,810570 | ,813267 | 0,8 |
| ,828944 | ,831472 | ,833977 | ,836457 | ,838913 | 0,9 |
| ,853141 | ,855428 | ,857690 | ,859929 | ,862143 | 1,0 |
| ,874928 | ,876976 | ,879000 | ,881000 | ,882977 | 1,1 |
| ,894350 | ,896165 | ,897958 | ,899727 | ,901475 | 1,2 |
| ,911492 | ,913085 | ,914657 | ,916207 | ,917736 | 1,3 |
| ,926471 | ,927855 | ,929219 | ,930563 | ,931888 | 1,4 |
| ,939429 | ,940620 | ,941792 | ,942947 | ,944083 | 1,5 |
| ,950529 | ,951543 | ,952540 | ,953521 | ,954486 | 1,6 |
| ,959941 | ,960796 | ,961636 | ,962462 | ,963273 | 1,7 |
| ,967843 | ,968557 | ,969258 | ,969946 | ,970621 | 1,8 |
| ,974412 | ,975002 | ,975581 | ,976148 | ,976705 | 1,9 |
| ,979818 | ,980301 | ,980774 | ,981237 | ,981691 | 2,0 |
| ,984222 | ,984614 | ,984997 | ,985371 | ,985738 | 2,1 |
| ,987776 | ,988089 | ,988396 | ,988696 | ,988989 | 2,2 |
| ,990613 | ,990863 | ,991106 | ,991344 | ,991576 | 2,3 |
| ,992857 | ,993053 | ,993244 | ,993431 | ,993613 | 2,4 |
| ,994614 | ,994766 | ,994915 | ,995060 | ,995201 | 2,5 |
| ,995975 | ,996093 | ,996207 | ,996319 | ,996427 | 2,6 |
| ,997020 | ,997110 | ,997197 | ,997282 | ,997365 | 2,7 |
| ,997814 | ,997882 | ,997948 | ,998012 | ,998074 | 2,8 |
| 0,998411 | 0,998462 | 0,998511 | 0,998559 | 0,998605 | 2,9 |

| 6,0 | 7,0 | 8,0 | 9,0 | 10,0 | $u$ |
|---|---|---|---|---|---|
| $1 - 9{,}866 \cdot 10^{-10}$ | $1 - 1{,}280 \cdot 10^{-12}$ | $1 - 6{,}221 \cdot 10^{-16}$ | $1 - 1{,}129 \cdot 10^{-19}$ | $1 - 7{,}620 \cdot 10^{-24}$ | $\Phi_S(u)$ |

| 97,5% | 99% | 99,5% | 99,75% | 99,9% | 99,95% | $\Phi_S(u)$ |
|---|---|---|---|---|---|---|
| 1,960 | 2,326 | 2,576 | 2,807 | 3,090 | 3,291 | $u$ |

(Probits) zum Summenwert $\Phi(u) = 1-\alpha$ erhält man einfach bei Benutzung des
and Medical Research. Edinburgh: Oliver and Boyd 1963 , Table IX .

Tabelle B[1]) Schwellenwerte $\chi^2_{f;1-\alpha}$ der $\chi^2$-Verteilung

Für $f > 30$ gilt in guter Näherung $\chi^2_{f;1-\alpha} \approx \frac{1}{2}(\sqrt{2f-1} + u_{1-\alpha})^2$ ;

Zahlenwerte für $u_{1-\alpha}$ s. Tab. A

| Freiheits-grad $f$ | Wahrscheinlichkeit $1-\alpha$ | | | | | | |
|---|---|---|---|---|---|---|---|
| | 0,1 % | 0,5 % | 1 % | 2,5 % | 5 % | 10 % | 30 % |
| 1 | $0,0^5157$ | $0,0^4393$ | $0,0^3157$ | $0,0^3982$ | $0,0^2393$ | 0,0158 | 0,148 |
| 2 | $0,0^2200$ | 0,0100 | 0,0201 | 0,0506 | 0,103 | 0,211 | 0,713 |
| 3 | 0,0243 | 0,0717 | 0,115 | 0,216 | 0,352 | 0,584 | 1,42 |
| 4 | 0,0908 | 0,207 | 0,297 | 0,484 | 0,711 | 1,06 | 2,20 |
| 5 | 0,210 | 0,412 | 0,554 | 0,831 | 1,15 | 1,61 | 3,00 |
| 6 | 0,381 | 0,676 | 0,872 | 1,24 | 1,64 | 2,20 | 3,83 |
| 7 | 0,598 | 0,989 | 1,24 | 1,69 | 2,17 | 2,83 | 4,67 |
| 8 | 0,857 | 1,34 | 1,65 | 2,18 | 2,73 | 3,49 | 5,53 |
| 9 | 1,15 | 1,74 | 2,09 | 2,70 | 3,33 | 4,17 | 6,39 |
| 10 | 1,48 | 2,16 | 2,56 | 3,25 | 3,94 | 4,87 | 7,27 |
| 11 | 1,83 | 2,60 | 3,05 | 3,82 | 4,58 | 5,58 | 8,15 |
| 12 | 2,21 | 3,07 | 3,57 | 4,40 | 5,23 | 6,30 | 9,03 |
| 13 | 2,62 | 3,57 | 4,11 | 5,01 | 5,89 | 7,04 | 9,93 |
| 14 | 3,04 | 4,08 | 4,66 | 5,63 | 6,57 | 7,79 | 10,8 |
| 15 | 3,48 | 4,60 | 5,23 | 6,26 | 7,26 | 8,55 | 11,7 |
| 16 | 3,94 | 5,14 | 5,81 | 6,91 | 7,96 | 9,31 | 12,6 |
| 17 | 4,42 | 5,70 | 6,41 | 7,56 | 8,67 | 10,1 | 13,5 |
| 18 | 4,91 | 6,27 | 7,02 | 8,23 | 9,39 | 10,9 | 14,4 |
| 19 | 5,41 | 6,84 | 7,63 | 8,91 | 10,1 | 11,7 | 15,4 |
| 20 | 5,92 | 7,43 | 8,26 | 9,59 | 10,9 | 12,4 | 16,3 |
| 21 | 6,45 | 8,03 | 8,90 | 10,3 | 11,6 | 13,2 | 17,2 |
| 22 | 6,98 | 8,64 | 9,54 | 11,0 | 12,3 | 14,0 | 18,1 |
| 23 | 7,53 | 9,26 | 10,2 | 11,7 | 13,1 | 14,8 | 19,0 |
| 24 | 8,09 | 9,89 | 10,9 | 12,4 | 13,8 | 15,7 | 19,9 |
| 25 | 8,65 | 10,5 | 11,5 | 13,1 | 14,6 | 16,5 | 20,9 |
| 26 | 9,22 | 11,2 | 12,2 | 13,8 | 15,4 | 17,3 | 21,8 |
| 27 | 9,80 | 11,8 | 12,9 | 14,6 | 16,2 | 18,1 | 22,7 |
| 28 | 10,4 | 12,5 | 13,6 | 15,3 | 16,9 | 18,9 | 23,6 |
| 29 | 11,0 | 13,1 | 14,3 | 16,0 | 17,7 | 19,8 | 24,6 |
| 30 | 11,6 | 13,8 | 15,0 | 16,8 | 18,5 | 20,6 | 25,5 |
| 40 | 17,9 | 20,7 | 22,2 | 24,4 | 26,5 | 29,1 | 34,9 |
| 50 | 24,7 | 28,0 | 29,7 | 32,4 | 34,8 | 37,7 | 44,3 |
| 60 | 31,7 | 35,5 | 37,5 | 40,5 | 43,2 | 46,5 | 53,8 |
| 70 | 39,0 | 43,3 | 45,4 | 48,8 | 51,7 | 55,3 | 63,3 |
| 80 | 46,5 | 51,2 | 53,5 | 57,2 | 60,4 | 64,3 | 72,9 |
| 90 | 54,2 | 59,2 | 61,8 | 65,6 | 69,1 | 73,3 | 82,5 |
| 100 | 61,9 | 67,3 | 70,1 | 74,2 | 77,9 | 82,4 | 92,1 |

1) Nach A. HALD and S.A. SINDBAEK: A table of percentage points of the $\chi^2$-distribution. Skandinavisk Aktuarietidskrift 33, 1950 , S. 168 .

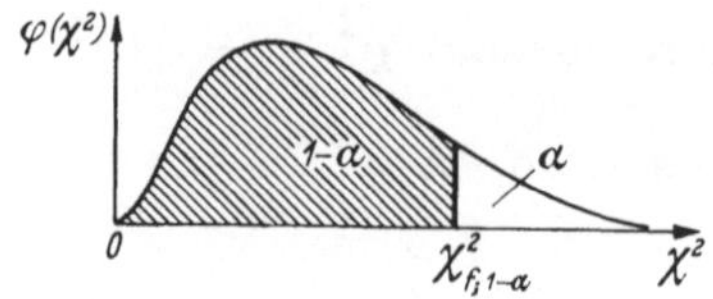

| Wahrscheinlichkeit $1-\alpha$ | | | | | | | | Freiheits-grad $f$ |
|---|---|---|---|---|---|---|---|---|
| 50 % | 70 % | 90 % | 95 % | 97,5 % | 99 % | 99,5 % | 99,9 % | |
| 0,455 | 1,07 | 2,71 | 3,84 | 5,02 | 6,64 | 7,88 | 10,8 | 1 |
| 1,39 | 2,41 | 4,61 | 5,99 | 7,38 | 9,21 | 10,6 | 13,8 | 2 |
| 2,37 | 3,67 | 6,25 | 7,82 | 9,35 | 11,3 | 12,8 | 16,3 | 3 |
| 3,36 | 4,88 | 7,78 | 9,49 | 11,1 | 13,3 | 14,9 | 18,5 | 4 |
| 4,35 | 6,06 | 9,24 | 11,1 | 12,8 | 15,1 | 16,8 | 20,5 | 5 |
| 5,35 | 7,23 | 10,6 | 12,6 | 14,4 | 16,8 | 18,5 | 22,5 | 6 |
| 6,35 | 8,38 | 12,0 | 14,1 | 16,0 | 18,5 | 20,3 | 24,3 | 7 |
| 7,34 | 9,52 | 13,4 | 15,5 | 17,5 | 20,1 | 22,0 | 26,1 | 8 |
| 8,34 | 10,7 | 14,7 | 16,9 | 19,0 | 21,7 | 23,6 | 27,9 | 9 |
| 9,34 | 11,8 | 16,0 | 18,3 | 20,5 | 23,2 | 25,2 | 29,6 | 10 |
| 10,3 | 12,9 | 17,3 | 19,7 | 21,9 | 24,7 | 26,8 | 31,3 | 11 |
| 11,3 | 14,0 | 18,5 | 21,0 | 23,3 | 26,2 | 28,3 | 32,9 | 12 |
| 12,3 | 15,1 | 19,8 | 22,4 | 24,7 | 27,7 | 29,8 | 34,5 | 13 |
| 13,3 | 16,2 | 21,1 | 23,7 | 26,1 | 29,1 | 31,3 | 36,1 | 14 |
| 14,3 | 17,3 | 22,3 | 25,0 | 27,5 | 30,6 | 32,8 | 37,7 | 15 |
| 15,3 | 18,4 | 23,5 | 26,3 | 28,8 | 32,0 | 34,3 | 39,3 | 16 |
| 16,3 | 19,5 | 24,8 | 27,6 | 30,2 | 33,4 | 35,7 | 40,8 | 17 |
| 17,3 | 20,6 | 26,0 | 28,9 | 31,5 | 34,8 | 37,2 | 42,3 | 18 |
| 18,3 | 21,7 | 27,2 | 30,1 | 32,9 | 36,2 | 38,6 | 43,8 | 19 |
| 19,3 | 22,8 | 28,4 | 31,4 | 34,2 | 37,6 | 40,0 | 45,3 | 20 |
| 20,3 | 23,9 | 29,6 | 32,7 | 35,5 | 38,9 | 41,4 | 46,8 | 21 |
| 21,3 | 24,9 | 30,8 | 33,9 | 36,8 | 40,3 | 42,8 | 48,3 | 22 |
| 22,3 | 26,0 | 32,0 | 35,2 | 38,1 | 41,6 | 44,2 | 49,7 | 23 |
| 23,3 | 27,1 | 33,2 | 36,4 | 39,4 | 43,0 | 45,6 | 51,2 | 24 |
| 24,3 | 28,2 | 34,4 | 37,7 | 40,6 | 44,3 | 46,9 | 52,6 | 25 |
| 25,3 | 29,2 | 35,6 | 38,9 | 41,9 | 45,6 | 48,3 | 54,1 | 26 |
| 26,3 | 30,3 | 36,7 | 40,1 | 43,2 | 47,0 | 49,6 | 55,5 | 27 |
| 27,3 | 31,4 | 37,9 | 41,3 | 44,5 | 48,3 | 51,0 | 56,9 | 28 |
| 28,3 | 32,5 | 39,1 | 42,6 | 45,7 | 49,6 | 52,3 | 58,3 | 29 |
| 29,3 | 33,5 | 40,3 | 43,8 | 47,0 | 50,9 | 53,7 | 59,7 | 30 |
| 39,3 | 44,2 | 51,8 | 55,8 | 59,3 | 63,7 | 66,8 | 73,4 | 40 |
| 49,3 | 54,7 | 63,2 | 67,5 | 71,4 | 76,2 | 79,5 | 86,7 | 50 |
| 59,3 | 65,2 | 74,4 | 79,1 | 83,3 | 88,4 | 92,0 | 99,6 | 60 |
| 69,3 | 75,7 | 85,5 | 90,5 | 95,0 | 100,4 | 104,2 | 112,3 | 70 |
| 79,3 | 86,1 | 96,6 | 101,9 | 106,6 | 112,3 | 116,3 | 124,8 | 80 |
| 89,3 | 96,5 | 107,6 | 113,1 | 118,1 | 124,1 | 128,3 | 137,2 | 90 |
| 99,3 | 106,9 | 118,5 | 124,3 | 129,6 | 135,8 | 140,2 | 149,4 | 100 |

# Literaturverzeichnis


[1]  FISZ, M.: Wahrscheinlichkeitsrechnung und mathematische Statistik.
Berlin: Deutscher Verlag der Wissenschaften  1973 .

[2]  GRAF/HENNING/STANGE: Formeln und Tabellen der mathematischen
Statistik. Berlin: Springer  1966 .

[3]  HEINHOLD, J., und K.-W. GAEDE: Ingenieur-Statistik. München:
Oldenbourg  1972 .

[4]  SARHAN, A.E., and B.G. GREENBERG (Editors) : Contributions
to Order Statistics. New York: Wiley  1962 .

[5]  SCHINDOWSKI, E., und O. SCHUERZ: Statistische Qualitätskontrolle. Kontrollkarten und Stichprobenpläne. Berlin: Verlag Technik  1966 .

[6]  STANGE, K.: Angewandte Statistik. Erster Teil: Eindimensionale
Probleme. Berlin: Springer  1970 .

[7]  STANGE, K.: Angewandte Statistik. Zweiter Teil: Mehrdimensionale
Probleme. Berlin: Springer  1971 .

[8]  STANGE, K.: Die Wirksamkeit von Kontrollkarten. I. Die $\bar{x}$- und
$\tilde{x}$-Karte. Qualitätskontrolle 11 , 1966, S. 129-137 .

[9]  STANGE, K.: Die Wirksamkeit von Kontrollkarten. II. Die s- und
R-Karte  zur Ueberwachung der Fertigungsstreuung. Qualitätskontrolle 12 , 1967, S. 13-20 .

[10]  STANGE, K.: Die Wirksamkeit von Kontrollkarten. III. Die $\bar{R}$-Karte
zur Ueberwachung der Fertigungsstreuung. Qualitätskontrolle 12 ,
1967, S. 73-75 .

[11]  STANGE, K.: Die Wirksamkeit von Kontrollkarten. IV. Die Extrem-
wert-Karte zur Ueberwachung der Fertigung. Zeitschrift für wirt-
schaftliche Fertigung 64 , 1969, S. 615-621 .

[12]  UHLMANN, W.: Statistische Qualitätskontrolle. Stuttgart: Teubner
1966 .